HANDBOOK OF KEY ENERGY DATA 2017

能源数据简明手册
2017

林卫斌　主编

经济管理出版社
ECONOMY & MANAGEMENT PUBLISHING HOUSE

图书在版编目（CIP）数据

能源数据简明手册.2017/林卫斌主编.—北京：经济管理出版社，2017.4

ISBN 978 - 7 - 5096 - 5088 - 2

Ⅰ.①能… Ⅱ.①林… Ⅲ.①能源—统计数据—中国—2017—手册 Ⅳ.①TK01 -66

中国版本图书馆 CIP 数据核字（2017）第 072587 号

组稿编辑：陆雅丽
责任编辑：陆雅丽
责任印制：黄章平
责任校对：超　凡

出版发行：经济管理出版社
　　　　　（北京市海淀区北蜂窝 8 号中雅大厦 A 座 11 层　100038）
网　　　址：www. E - mp. com. cn
电　　　话：（010）51915602
印　　　刷：玉田县昊达印刷有限公司
经　　　销：新华书店
开　　　本：880mm×1230mm/32
印　　　张：8. 875
字　　　数：214 千字
版　　　次：2017 年 4 月第 1 版　2017 年 4 月第 1 次印刷
书　　　号：ISBN 978 - 7 - 5096 - 5088 - 2
定　　　价：100. 00 元

前　言

为简明扼要地把握中国能源发展脉络，编写出版《能源数据简明手册2017》，内容包括九个方面：能源消费、能源投资、能源资源、能源设施、能源生产、能源贸易、能源库存、能源价格和能源效率。在每一个方面的指标选取上，"抓大放小"，力争通过几个关键性指标反映能源发展概况。对于每一个指标，设计了三个维度的数据：一是2000年以来的时间序列数据，试图帮助读者把握中国能源发展的脉络与趋势；二是国际比较数据，试图帮助读者把握国际能源发展的概况与国别差异；三是分地区数据，试图帮助读者把握中国能源发展的地区分布与差异。区别于国家统计局发布的能源统计年鉴和其他机构发布的相关数据手册，本手册的主要特点：一是突出简明性；二是具有一定的分析性。

参与本手册编写的有：张婧、陈昌明、周业静、赵彤、霍佳乐、刘雯璐、明淑娜。受时间和水平所限，编写过程中难免有不足、疏漏甚至错误之处，敬请批评指正。

林卫斌

2017 年 3 月

目　录

五、能源生产 ············· 131

一、能源消费

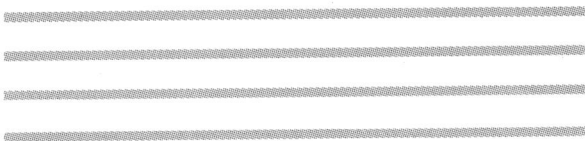

（一）综合能源消费

表1-1 能源消费总量

指标 年份	能源消费总量		人均能源消费量		日均能源消费量	
	绝对额 （亿吨 标准煤）	增速 （%）	绝对额 （吨标 准煤/人）	增速 （%）	绝对额 （万吨标 准煤/日）	增速 （%）
2000	14.70	4.5	1.16	3.7	402	4.3
2001	15.55	5.8	1.22	5.1	426	6.1
2002	16.96	9.0	1.32	8.3	465	9.0
2003	19.71	16.2	1.53	15.5	540	16.2
2004	23.03	16.8	1.78	16.2	629	16.5
2005	26.14	13.5	2.00	12.8	716	13.8
2006	28.65	9.6	2.19	9.0	785	9.6
2007	31.14	8.7	2.36	7.8	853	8.7
2008	32.06	2.9	2.42	2.4	876	2.7
2009	33.61	4.8	2.52	4.3	921	5.1
2010	36.06	7.3	2.70	6.8	988	7.3
2011	38.70	7.3	2.88	6.8	1060	7.3
2012	40.21	3.9	2.98	3.5	1099	3.6
2013	41.69	3.7	3.07	3.2	1142	4.0
2014	42.58	2.1	3.12	1.6	1167	2.1
2015	42.99	1.0	3.14	0.5	1178	1.0
2016	43.60	1.4	3.16	0.9	1191	1.1

注：标准量折算采用发电煤耗计算法；人均量根据年中人口数计算。

数据来源：1999-2015年人口数据来自国家统计局《中国统计年鉴2016》，1999-2015年能源消费数据来自国家统计局《中国能源统计年鉴2016》；2016年数据来自国家统计局《2016年国民经济和社会发展统计公报》。

表 1-2 能源消费总量国际比较 (BP)

单位：亿吨标准煤

国家/地区＼年份	2010	2011	2012	2013	2014	2015	2015占比 (%)
世界	174.02	177.87	180.32	183.90	186.00	187.82	100.0
OECD	80.03	79.13	78.34	79.14	78.56	78.62	41.9
非 OECD	94.00	98.74	101.98	104.77	107.45	109.21	58.1
中国	**35.53**	**38.40**	**39.93**	**41.49**	**42.44**	**43.06**	**22.9**
美国	32.65	32.37	31.58	32.45	32.86	32.58	17.3
欧盟	25.08	24.23	24.02	23.86	22.94	23.30	12.4
印度	7.73	8.07	8.57	8.95	9.52	10.01	5.3
俄罗斯	9.62	9.93	9.94	9.83	9.86	9.53	5.1
日本	7.11	6.74	6.69	6.66	6.49	6.41	3.4
加拿大	4.52	4.70	4.67	4.79	4.79	4.71	2.5
德国	4.63	4.46	4.53	4.66	4.46	4.58	2.4
巴西	3.73	3.91	3.99	4.14	4.25	4.18	2.2
韩国	3.64	3.83	3.87	3.87	3.90	3.96	2.1
伊朗	3.26	3.40	3.41	3.54	3.73	3.82	2.0
沙特	3.09	3.18	3.37	3.39	3.61	3.77	2.0
法国	3.62	3.49	3.50	3.54	3.39	3.42	1.8
英国	3.01	2.84	2.89	2.88	2.70	2.73	1.5
印尼	2.13	2.33	2.44	2.50	2.69	2.80	1.5
墨西哥	2.55	2.66	2.69	2.70	2.72	2.64	1.4
意大利	2.46	2.41	2.32	2.22	2.10	2.17	1.2
西班牙	2.09	2.05	2.03	1.92	1.89	1.92	1.0

注：BP 统计的是一次能源消费总量；标准量折算采用发电煤耗计算法。

数据来源：BP Statistical Review of World Energy 2016.

表1-3 能源消费总量国际比较（IEA）

指标 国家/地区	能源消费总量		人均能源消费量		日均能源消费量	
	绝对额 （亿吨 标准煤）	占比 （%）	绝对额 （吨标 准煤/人）	增速 （%）	绝对额 （万吨标 准煤/日）	增速 （%）
世界	195.70	100.0	2.71	-0.1	5361.7	1.1
OECD	75.33	38.5	5.93	-1.3	2063.9	-0.7
非OECD	115.18	58.9	1.94	0.9	3155.6	2.3
中国	43.59	22.3	3.20	1.0	1194.3	1.6
美国	31.66	16.2	9.97	0.8	867.4	1.5
欧盟	22.36	11.4	4.40	-4.1	612.5	-3.8
印度	11.78	6.0	0.92	5.0	322.8	6.3
俄罗斯	10.16	5.2	7.07	-2.7	278.2	-2.5
日本	6.31	3.2	4.96	-2.7	172.9	-2.8
德国	4.37	2.2	5.36	-4.0	119.8	-3.7
巴西	4.62	2.4	2.25	9.1	126.5	10.0
韩国	3.83	2.0	7.62	1.3	105.1	1.7
法国	3.47	1.8	5.23	-4.7	95.0	-4.1
加拿大	4.00	2.0	11.31	1.9	109.5	3.0
伊朗	3.39	1.7	4.36	5.9	92.8	7.3
印尼	3.22	1.6	1.27	2.4	88.3	3.7
沙特	3.05	1.6	9.99	8.6	83.6	11.1
墨西哥	2.69	1.4	2.16	-3.4	73.6	-2.1
英国	2.56	1.3	3.98	-7.0	70.2	-6.4
意大利	2.10	1.1	3.47	-6.5	57.4	-5.5
南非	2.10	1.1	3.92	3.5	57.5	5.2

注：本表数据为2014年数据；IEA统计的是一次能源供应量，统计范围除了煤炭、石油、天然气、核电、水电和其他可再生能源等商品能源之外，还包括农村生物燃料等非商品能源；世界总量与OECD和非OECD总量之和的差值为国际航空与航海加油量；标准量折算采用电热当量计算法。人均量根据年中人口数计算，人口数据来自世界银行。

数据来源：IEA, World Energy Balances（2016 edition）.

表1-4 分地区能源消费量

单位：万吨标准煤

年份 地区	2010	2011	2012	2013	2014	2015
全　国	360648	387043	402138	416913	425806	429905
地区加总	389513	422308	443604	427491	439954	447318
北　京	6954	6995	7178	6724	6831	6853
天　津	6818	7598	8208	7882	8154	8260
河　北	27531	29498	30250	29664	29320	29395
山　西	16808	18315	19336	19761	19863	19384
内蒙古	16820	18737	19786	17681	18309	18927
辽　宁	20947	22712	23526	21721	21803	21667
吉　林	8297	9103	9443	8645	8560	8142
黑龙江	11234	12119	12758	11853	11955	12126
上　海	11201	11270	11362	11346	11085	11387
江　苏	25774	27589	28850	29205	29863	30235
浙　江	16865	17827	18076	18640	18826	19610
安　徽	9707	10570	11358	11696	12011	12332
福　建	9809	10653	11185	11190	12110	12180
江　西	6355	6928	7233	7583	8055	8440
山　东	34808	37132	38899	35358	36511	37945
河　南	21438	23062	23647	21909	22890	23161
湖　北	15138	16579	17675	15703	16320	16404
湖　南	14880	16161	16744	14919	15317	15469
广　东	26908	28480	29144	28480	29593	30145
广　西	7919	8591	9155	9100	9515	9761
海　南	1359	1601	1688	1720	1820	1938
重　庆	7856	8792	9278	8049	8593	8934
四　川	17892	19696	20575	19212	19879	19888
贵　州	8175	9068	9878	9299	9709	9948
云　南	8674	9540	10434	10072	10455	10357
陕　西	8882	9761	11013	10610	11222	11716
甘　肃	5923	6496	7007	7287	7521	7523
青　海	2568	3189	3524	3768	3992	4134
宁　夏	3681	4316	4562	4781	4946	5405
新　疆	8290	9927	11831	13632	14926	15651

注：标准量折算采用发电煤耗计算法。

数据来源：国家统计局历年《中国能源统计年鉴》。

表1-5　一次能源消费结构

单位:%

品种 年份	煤炭	石油	天然气	一次电力及其他能源		
					水电	核电
2000	68.5	22.0	2.2	7.3	5.7	0.4
2001	68.0	21.2	2.4	8.4	6.7	0.4
2002	68.5	21.0	2.3	8.2	6.3	0.5
2003	70.2	20.1	2.3	7.4	5.3	0.8
2004	70.2	19.9	2.3	7.6	5.5	0.8
2005	72.4	17.8	2.4	7.4	5.4	0.7
2006	72.4	17.5	2.7	7.4	5.4	0.7
2007	72.5	17.0	3.0	7.5	5.4	0.7
2008	71.5	16.7	3.4	8.4	6.1	0.7
2009	71.6	16.4	3.5	8.5	6.0	0.7
2010	69.2	17.4	4.0	9.4	6.4	0.7
2011	70.2	16.8	4.6	8.4	5.7	0.7
2012	68.5	17.0	4.8	9.7	6.8	0.8
2013	67.4	17.1	5.3	10.2	6.9	0.8
2014	65.6	17.4	5.7	11.3	7.7	1.0
2015	63.7	18.3	5.9	12.1	8.0	1.2
2016	62.0	18.4	6.3	13.3	–	–

注：标准量折算采用发电煤耗计算法。

数据来源：2000-2015年数据来自国家统计局《中国能源统计年鉴2016》；2016年数据根据国家统计局《2016年国民经济和社会发展统计公报》相关数据计算得到。

表1-6　一次能源消费结构国际比较（BP）

单位:%

国家/地区 品种	煤炭	石油	天然气	核电	水电	其他可再生能源
世界	29.2	32.9	23.8	4.4	6.8	2.8
OECD	17.8	37.4	26.5	8.1	5.7	4.5
非OECD	37.4	29.8	21.9	1.8	7.6	1.6
中国	**63.7**	**18.6**	**5.9**	**1.3**	**8.5**	**2.1**
美国	17.4	37.3	31.3	8.3	2.5	3.1
欧盟	16.1	36.8	22.2	11.9	6.8	8.3
印度	58.1	27.9	6.5	1.2	4	2.2
俄罗斯	13.3	21.4	52.8	6.6	5.8	0
日本	26.6	42.3	22.8	0.2	4.9	3.2
巴西	5.9	46.9	12.6	1.1	27.9	5.6
德国	24.4	34.4	20.9	6.5	1.4	12.5
法国	3.6	31.8	14.7	41.4	5.1	3.3
韩国	30.5	41	14.2	13.5	0.2	0.6
印尼	41.1	37.6	18.3	0	1.9	1.2
加拿大	6	30.4	27.9	7.1	26.3	2.2
伊朗	0.5	33.3	64.4	0.3	1.5	0
英国	12.2	37.4	32.1	8.3	0.7	9.1
沙特	0	63.7	36.3	0	0	0
意大利	8.2	39.1	36.5	0	6.5	9.7
墨西哥	6.9	45.6	40.5	1.4	3.7	1.9
西班牙	10.7	45	18.5	9.6	4.7	11.5

注：本表数据为2015年数据。

数据来源：根据BP Statistical Review of World Energy 2016相关数据计算得到。

表 1-7　一次能源消费结构国际比较（IEA）

单位:%

品种 国家/地区	煤炭	石油	天然气	核电	水电	生物质 燃料等
世界	28.6	31.3	21.2	4.8	2.4	11.7
OECD	19.2	35.7	25.5	9.8	2.3	7.6
非 OECD	36.0	25.3	19.3	1.8	2.7	14.9
中国	65.9	16.5	5.0	1.1	3.0	8.4
美国	19.5	35.3	28.2	9.8	1.0	6.3
欧盟	17.2	32.5	21.9	14.6	2.1	11.8
印度	45.8	22.4	5.2	1.1	1.4	24.0
俄罗斯	14.6	23.4	52.3	6.7	2.1	0.9
日本	26.8	43.5	24.4	0.0	1.6	3.7
巴西	5.8	41.7	11.7	1.3	10.6	29.0
德国	26.0	33.0	20.7	8.3	0.6	11.5
法国	3.8	29.0	13.4	46.9	2.2	4.7
韩国	30.4	35.9	16.1	15.2	0.1	2.3
印尼	16.0	33.3	16.2	0.0	0.6	33.9
加拿大	6.9	34.8	31.7	10.0	11.8	4.8
伊朗	0.4	37.1	61.5	0.5	0.5	0.0
英国	16.7	32.7	33.3	9.3	0.3	7.8
沙特	0.0	67.4	32.6	0.0	0.0	0.0
意大利	8.9	35.1	34.5	0.0	3.4	18.0
墨西哥	6.7	51.3	32.2	1.3	1.8	6.7
南非	69.4	14.9	2.6	2.4	0.1	10.6

注：本表数据为 2014 年数据。

数据来源：根据 IEA，World Energy Balances（2016 edition）相关数据计算得到。

表 1-8　分行业能源消费量

単位：万吨标准煤

年份 \ 行业	农、林、牧、渔、水利业	工业	建筑业	交通运输、仓储和邮政业	批发、零售业和住宿、餐饮业	其他行业	生活消费
2000	4233	103014	2207	11447	3251	6118	16695
2001	4553	109725	2283	11834	3500	6352	17301
2002	4929	119918	2457	12852	3917	6861	18642
2003	5683	139350	2770	14955	4723	8153	21448
2004	6392	163394	3183	17775	5499	9294	24745
2005	6860	187914	3486	19136	5917	10484	27573
2006	7154	206590	3836	20926	6358	11500	30102
2007	7068	225835	4203	22419	6732	12293	32891
2008	6873	232079	3874	23997	6885	13215	33689
2009	6978	243567	4712	24460	7303	13933	35173
2010	7266	261377	5533	27102	7847	15052	36470
2011	7675	278048	6052	29694	9147	16843	39584
2012	7804	284712	6337	32561	10012	18407	42306
2013	8055	291130	7017	34819	10598	19763	45531
2014	8094	295686	7520	36336	10873	20084	47212
2015	8232	292276	7696	38318	11404	21881	50099

注：标准量折算采用发电煤耗计算法。

数据来源：国家统计局历年《中国能源统计年鉴》。

表1-9　分行业能源消费结构

单位:%

行业　　年份	农、林、牧、渔、水利业	工业	建筑业	交通运输、仓储和邮政业	批发、零售业和住宿、餐饮业	其他行业	生活消费
2000	2.9	70.1	1.5	7.8	2.2	4.2	11.4
2001	2.9	70.5	1.5	7.6	2.3	4.1	11.1
2002	2.9	70.7	1.4	7.6	2.3	4.0	11.0
2003	2.9	70.7	1.4	7.6	2.4	4.1	10.9
2004	2.8	71.0	1.4	7.7	2.4	4.0	10.7
2005	2.6	71.9	1.3	7.3	2.3	4.0	10.5
2006	2.5	72.1	1.3	7.3	2.2	4.0	10.5
2007	2.3	72.5	1.3	7.2	2.2	3.9	10.6
2008	2.1	72.4	1.2	7.5	2.1	4.1	10.5
2009	2.1	72.5	1.4	7.3	2.2	4.1	10.5
2010	2.0	72.5	1.5	7.5	2.2	4.2	10.1
2011	2.0	71.8	1.6	7.7	2.4	4.4	10.2
2012	1.9	70.8	1.6	8.1	2.5	4.6	10.5
2013	1.9	69.8	1.7	8.4	2.5	4.7	10.9
2014	1.9	69.4	1.8	8.5	2.6	4.7	11.1
2015	1.9	68.0	1.8	8.9	2.7	5.1	11.7

注：标准量折算采用发电煤耗法计算。

数据来源：根据表1-8数据计算得到。

表 1-10　分行业终端能源消费量（发电煤耗计算法）

单位：万吨标准煤

行业 年份	农、林、牧、渔、水利业	工业	建筑业	交通运输、仓储和邮政业	批发、零售业和住宿、餐饮业	其他行业	生活消费	总计
2000	4233	96871	2207	11101	3251	6118	16695	140476
2001	4553	103253	2283	11491	3500	6352	17301	148733
2002	4929	112725	2457	12509	3917	6861	18642	162041
2003	5683	131565	2770	14643	4723	8153	21448	188986
2004	6392	154802	3183	17452	5499	9294	24745	221367
2005	6860	177775	3486	18783	5917	10484	27573	250877
2006	7154	195582	3836	20525	6358	11500	30102	275058
2007	7068	214473	4203	22015	6732	12293	32891	299675
2008	6873	219516	3874	23560	6885	13215	33689	307612
2009	6978	230042	4712	23980	7303	13933	35173	322120
2010	7266	238652	5533	26648	7847	15052	36470	337469
2011	7675	264698	6052	29297	9147	16843	39584	373296
2012	7804	269900	6337	32122	10012	18407	42306	386888
2013	8055	278514	7017	34337	10598	19763	45531	403814
2014	8094	283420	7520	35960	10873	20084	47212	413163
2015	8232	280206	7696	37977	11404	21881	50099	417494

数据来源：国家统计局历年《中国能源统计年鉴》。

表 1 – 11　分行业终端能源消费结构（发电煤耗计算法）

单位:%

行业\年份	农、林、牧、渔、水利业	工业	建筑业	交通运输、仓储和邮政业	批发、零售业和住宿、餐饮业	其他行业	生活消费
2000	3.0	69.0	1.6	7.9	2.3	4.4	11.9
2001	3.0	69.6	1.5	7.7	2.4	4.2	11.5
2002	3.0	69.6	1.5	7.7	2.5	4.3	11.3
2003	2.9	69.9	1.4	7.9	2.5	4.2	11.2
2004	2.7	70.9	1.4	7.5	2.4	4.2	11.0
2005	2.6	71.1	1.4	7.5	2.3	4.2	10.9
2006	2.4	71.6	1.4	7.3	2.2	4.1	11.0
2007	2.2	71.4	1.3	7.7	2.2	4.3	11.0
2008	2.2	71.4	1.5	7.4	2.3	4.3	10.9
2009	2.2	70.7	1.6	7.9	2.3	4.5	10.8
2010	2.1	70.9	1.6	7.8	2.5	4.5	10.6
2011	2.0	69.8	1.6	8.3	2.6	4.8	10.9
2012	2.0	69.0	1.7	8.5	2.6	4.9	11.3
2013	2.0	69.0	1.7	8.5	2.6	4.9	11.3
2014	2.0	68.6	1.8	8.7	2.6	4.9	11.4
2015	2.0	67.1	1.8	9.1	2.7	5.2	12.0

数据来源：根据表 1 – 10 数据计算得到。

表 1-12　分行业终端能源消费量（电热当量计算法）

单位：万吨标准煤

行业 \\ 年份	农、林、牧、渔、水利业	工业	建筑业	交通运输、仓储和邮政业	批发、零售业和住宿、餐饮业	其他行业	生活消费	总计
2000	2867	71874	1796	10369	2162	4482	12623	106173
2001	3085	76475	1890	10699	2324	4644	12905	112022
2002	3427	83453	2073	11750	2662	5026	13959	122349
2003	4005	98387	2332	13646	3218	5905	15988	143480
2004	4564	117062	2697	16366	3790	6779	18469	169726
2005	5029	135682	2927	17752	4110	7261	20007	192767
2006	5237	148012	3201	19418	4356	7819	21499	209541
2007	5116	162606	3509	20812	4626	8401	23087	228156
2008	4980	167230	3083	22314	4664	9036	23365	234674
2009	5047	176789	3836	22691	4918	9331	24165	246777
2010	5334	182649	4577	25195	5291	10201	26330	259577
2011	5702	202369	4938	27644	6219	11479	28634	286985
2012	5876	206447	5179	30380	6793	12537	30468	297681
2013	6119	210468	5744	32450	7060	13358	32355	307555
2014	6207	213208	6176	33987	7157	13352	33849	313936
2015	6331	209726	6419	35920	7525	14719	36272	316913

数据来源：国家统计局历年《中国能源统计年鉴》。

表1–13　分行业终端能源消费结构（电热当量计算法）

单位:%

年份 行业	农、林、牧、渔、水利业	工业	建筑业	交通运输、仓储和邮政业	批发、零售业和住宿、餐饮业	其他行业	生活消费
2000	2.7	67.7	1.7	9.8	2.0	4.2	11.9
2001	2.8	68.3	1.7	9.6	2.1	4.1	11.5
2002	2.8	68.2	1.7	9.6	2.2	4.1	11.4
2003	2.8	68.6	1.6	9.5	2.2	4.1	11.1
2004	2.7	69.0	1.6	9.6	2.2	4.0	10.9
2005	2.6	70.4	1.5	9.2	2.1	3.8	10.4
2006	2.5	70.6	1.5	9.3	2.1	3.7	10.3
2007	2.2	71.3	1.5	9.1	2.0	3.7	10.1
2008	2.1	71.3	1.3	9.5	2.0	3.9	10.0
2009	2.0	71.6	1.6	9.2	2.0	3.8	9.8
2010	2.1	70.4	1.8	9.7	2.0	3.9	10.1
2011	2.0	70.5	1.7	9.6	2.2	4.0	10.0
2012	2.0	69.4	1.7	10.2	2.3	4.2	10.2
2013	2.0	68.4	1.9	10.6	2.3	4.3	10.5
2014	2.0	67.9	2.0	10.8	2.3	4.3	10.8
2015	2.0	66.2	2.0	11.3	2.4	4.6	11.4

数据来源：根据表1–12数据计算得到。

表 1–14　分行业终端能源消费量国际比较

单位：万吨标准煤

行业　　国家/地区	工业与非能源使用	交通运输	生活	商业和公共服务	农、林、渔业	其他行业	总计
世界	511241	375288	306018	106377	28481	18979	1346384
OECD	164503	173594	98483	68495	9512	3822	518409
非 OECD	346738	149809	207535	37882	18969	15157	776089
中国	**163211**	**38335**	**58091**	**10483**	**5753**	**8103**	**283976**
美国	55442	89007	39665	30634	2891	2022	219661
欧盟	50672	43863	37548	20149	3517	690	156431
印度	33090	11194	26650	3065	3556	1836	79391
俄罗斯	28771	13356	16222	5232	1338	9	64928
日本	17692	10233	6367	7515	159	254	42220
巴西	13784	12348	3539	1800	1600	87	33158
德国	11000	7857	7327	4701	0	18	30903
法国	5698	6221	5331	3003	645	196	21093
韩国	13624	4552	2725	2874	380	172	24328
印尼	6729	6590	9211	762	299	19	23609
加拿大	10005	8890	5030	3437	902	363	28628
伊朗	9459	6769	7092	1490	1018	48	25875
英国	4288	5683	5020	2270	139	160	17560
沙特	11003	6273	1888	1014	56	8	20241
意大利	4638	5287	4220	2095	397	16	16653
墨西哥	5669	7327	2534	558	537	269	16894
南非	4527	2555	2405	629	314	253	10682

注：本表数据为 2014 年数据；工业终端能源消费量不包括能源工业自用量。

数据来源：IEA, World Energy Balances (2016 edition).

表1－15　分行业终端能源消费结构国际比较

单位:%

行业 国家/地区	工业与 非能源 使用	交通 运输	生活	商业和 公共 服务	农、林、 渔业	其他 行业
世界	38.0	27.9	22.7	7.9	2.1	1.4
OECD	31.7	33.5	19.0	13.2	1.8	0.7
非OECD	44.7	19.3	26.7	4.9	2.4	2.0
中国	**57.5**	**13.5**	**20.5**	**3.7**	**2.0**	**2.9**
美国	25.2	40.5	18.1	13.9	1.3	0.9
欧盟	32.4	28.0	24.0	12.9	2.2	0.4
印度	41.7	14.1	33.6	3.9	4.5	2.3
俄罗斯	44.3	20.6	25.0	8.1	2.1	0.0
日本	41.9	24.2	15.1	17.8	0.4	0.6
巴西	41.6	37.2	10.7	5.4	4.8	0.3
德国	35.6	25.4	23.7	15.2	0.0	0.1
法国	27.0	29.5	25.3	14.2	3.1	0.9
韩国	56.0	18.7	11.2	11.8	1.6	0.7
印尼	28.5	27.9	39.0	3.2	1.3	0.1
加拿大	34.9	31.1	17.6	12.0	3.2	1.3
伊朗	36.6	26.2	27.4	5.8	3.9	0.2
英国	24.4	32.4	28.6	12.9	0.8	0.9
沙特	54.4	31.0	9.3	5.0	0.3	0.0
意大利	27.9	31.7	25.3	12.6	2.4	0.1
墨西哥	33.6	43.4	15.0	3.3	3.2	1.6
南非	42.4	23.9	22.5	5.9	2.9	2.4

注：本表数据为2014年数据；工业终端能源消费量不包括能源工业自用量。

数据来源：根据表1－14数据计算得到。

（二）煤炭消费

表 1 - 16　煤炭消费总量

指标 年份	煤炭消费总量		人均煤炭消费量		日均煤炭消费量	
	绝对额 （亿吨）	增速 （%）	绝对额 （吨/人）	增速 （%）	绝对额 （万吨/日）	增速 （%）
2000	13.57	1.3	1.07	0.5	371	1.0
2001	14.31	5.4	1.12	4.7	392	5.7
2002	15.36	7.4	1.20	6.6	421	7.4
2003	18.38	19.6	1.43	18.9	503	19.6
2004	21.22	15.5	1.64	14.8	580	15.1
2005	24.34	14.7	1.87	14.0	667	15.0
2006	27.06	11.2	2.06	10.6	741	11.2
2007	29.04	7.3	2.20	6.7	796	7.3
2008	30.06	3.5	2.27	3.0	821	3.2
2009	32.50	8.1	2.44	7.6	890	8.4
2010	34.90	7.4	2.61	6.9	956	7.4
2011	38.90	11.4	2.89	10.9	1066	11.4
2012	41.17	5.9	3.05	5.3	1125	5.6
2013	42.44	3.1	3.13	2.6	1163	3.4
2014	41.16	-3.0	3.02	-3.5	1128	-3.0
2015	39.70	-3.5	2.90	-4.0	1088	-3.5
2016	37.84	-4.7	2.74	-5.2	1034	-5.0

注：人均量根据年中人口数计算。

数据来源：1999 - 2015 年人口数据来自国家统计局《中国统计年鉴 2016》，1999 - 2015 年内煤炭消费数据来自国家统计局历年《中国能源统计年鉴》；2016 年数据根据国家统计局《2016 年国民经济和社会发展统计公报》相关数据计算得到。

表 1-17　煤炭消费总量国际比较

单位：百万吨标准油

年份 国家/地区	2010	2011	2012	2013	2014	2015	2015 占比 （%）
世界	3634.3	3800.0	3814.4	3890.7	3911.2	3839.9	100.0
OECD	1115.7	1095.8	1049.1	1059.2	1043.2	979.2	25.5
非 OECD	2518.6	2704.2	2765.3	2831.5	2867.9	2860.7	74.5
中国	**1743.4**	**1899.0**	**1923.0**	**1964.4**	**1949.3**	**1920.4**	**50.0**
印度	292.9	300.4	330.0	355.6	388.7	407.2	10.6
美国	525.0	495.4	437.9	454.6	453.8	396.3	10.3
欧盟	279.3	287.3	293.7	287.1	267.2	262.4	6.8
日本	115.7	109.6	115.8	120.7	118.7	119.4	3.1
俄罗斯	90.5	94.0	98.4	90.5	87.6	88.7	2.3
南非	92.8	90.4	88.3	88.9	90.1	85.0	2.2
韩国	75.9	83.6	81.0	81.9	84.6	84.5	2.2
印尼	39.5	46.9	53.0	57.6	69.8	80.3	2.1
德国	77.1	78.3	80.5	82.8	78.8	78.3	2.0
波兰	55.1	55.0	51.2	53.4	49.4	49.8	1.3
澳大利亚	50.6	50.2	47.3	45.0	44.7	46.6	1.2
中国台湾	37.6	38.9	38.0	38.6	39.0	37.8	1.0
土耳其	31.4	33.9	36.5	31.6	36.1	34.4	0.9
哈萨克斯坦	33.4	36.3	36.5	36.3	35.5	32.6	0.8
乌克兰	38.3	41.8	42.5	41.6	35.6	29.2	0.8
英国	30.9	31.4	39.0	37.1	29.9	23.4	0.6
越南	14.0	16.5	15.0	15.8	19.3	22.2	0.6
加拿大	25.2	22.2	21.2	20.8	21.4	19.8	0.5
泰国	15.5	15.8	16.4	15.8	17.9	17.6	0.5
马来西亚	14.8	14.8	15.9	15.1	15.4	17.6	0.5
巴西	14.5	15.4	15.3	16.5	17.6	17.4	0.5

数据来源：BP Statistical Review of World Energy 2016.

表1-18　分地区煤炭消费量

单位：万吨

地区＼年份	2010	2011	2012	2013	2014	2015
全　国	349008	388961	411727	424426	411613	397014
地区加总	381414	428585	436454	432216	431739	425478
北　京	2635	2366	2270	2019	1737	1165
天　津	4807	5262	5298	5279	5027	4539
河　北	27465	30792	31359	31663	29636	28943
山　西	29865	33479	34551	36637	37587	37115
内蒙古	27004	34684	36620	34916	36466	36500
辽　宁	16908	18054	18219	18133	18002	17336
吉　林	9583	11035	11083	10414	10379	9805
黑龙江	12219	13200	13965	13267	13596	13433
上　海	5876	6142	5703	5681	4896	4728
江　苏	23100	27364	27762	27946	26913	27209
浙　江	13950	14776	14374	14161	13824	13826
安　徽	13376	14123	14704	15665	15787	15617
福　建	7026	8714	8485	8079	8198	7660
江　西	6246	6988	6802	7255	7477	7698
山　东	37328	38921	40233	37683	39562	40927
河　南	26050	28374	25240	25058	24250	23720
湖　北	13470	15805	15799	12167	11888	11766
湖　南	11323	13006	12084	11224	10900	11142
广　东	15984	18439	17634	17107	17014	16587
广　西	6207	7033	7264	7344	6797	6047
海　南	647	815	931	1009	1018	1072
重　庆	6397	7189	6750	5794	6096	6047
四　川	11520	11454	11872	11679	11045	9289
贵　州	10908	12085	13328	13651	13118	12833
云　南	9349	9664	9850	9783	8675	7713
陕　西	11639	13318	15774	17248	18375	18374
甘　肃	5390	6303	6558	6541	6716	6557
青　海	1271	1508	1859	2073	1817	1508
宁　夏	5765	7947	8055	8534	8857	8907
新　疆	8106	9745	12028	14206	16088	17359

数据来源：国家统计局历年《中国能源统计年鉴》。

表1-19 分用途煤炭消费量

用途 年份	消费总量	终端消费	火力发电	供热	炼焦	炼油及煤制油	制气	煤制品加工	洗选损耗
2000	135690	50511	55811	8794	16496	-	960	-	3191
2001	143063	52845	59798	8951	17936	-	1002	-	2581
2002	153584	54656	68600	8974	18625	-	973	-	1817
2003	183760	63864	81966	10895	23640	-	1055	141	2199
2004	212162	77610	91962	11547	26150	-	1316	244	3334
2005	243375	86386	103663	13542	33446	-	1277	280	4782
2006	270639	92151	118764	14612	38399	-	1257	477	4979
2007	290410	99718	127917	15441	41659	-	1460	411	3805
2008	300605	103950	132652	15061	41462	-	1227	344	5908
2009	325003	111470	143967	15360	45392	-	1151	398	7266
2010	349008	114826	153742	17553	49950	213	1040	449	11235
2011	388961	120647	175579	19334	56060	346	870	502	15623
2012	411727	118957	183531	23780	56768	378	849	710	26754
2013	424426	119491	195177	22710	62536	459	846	628	22579
2014	411613	116044	184525	22445	62894	650	948	732	23375
2015	397014	112195	179318	24095	60644	679	1270	474	18338

数据来源：国家统计局历年《中国能源统计年鉴》。

单位:%

表1-20 分用途煤炭消费结构

用途 年份	终端消费	火力发电	供热	炼焦	炼油及煤制油	制气	煤制品加工	洗选损耗
2000	37.2	41.1	6.5	12.2	—	0.7	—	2.4
2001	36.9	41.8	6.3	12.5	—	0.7	—	1.8
2002	35.6	44.7	5.8	12.1	—	0.6	—	1.2
2003	34.8	44.6	5.9	12.9	—	0.6	0.1	1.2
2004	36.6	43.4	5.4	12.3	—	0.6	0.1	1.6
2005	35.5	42.6	5.6	13.7	—	0.5	0.1	2.0
2006	34.0	43.9	5.4	14.2	—	0.5	0.2	1.8
2007	34.3	44.0	5.3	14.3	—	0.5	0.1	1.3
2008	34.6	44.1	5.0	13.8	—	0.4	0.1	2.0
2009	34.3	44.3	4.7	14.0	—	0.4	0.1	2.2
2010	32.9	44.1	5.0	14.3	0.1	0.3	0.1	3.2
2011	31.0	45.1	5.0	14.4	0.1	0.2	0.1	4.0
2012	28.9	44.6	5.8	13.8	0.1	0.2	0.2	6.5
2013	28.2	46.0	5.4	14.7	0.1	0.2	0.1	5.3
2014	28.2	44.8	5.5	15.3	0.2	0.2	0.2	5.7
2015	28.3	45.2	6.1	15.3	0.2	0.3	0.1	4.6

数据来源:根据表1-19数据计算得到。

表 1-21　分用途煤炭消费结构国际比较

单位:%

用途 国家/地区	发电	热电联产	供热	转换损失	终端消费	其他
世界	54.2	4.2	3.3	7.3	27.6	3.3
OECD	72.4	7.3	0.4	6.3	11.3	2.3
非OECD	47.9	3.2	4.4	7.7	33.2	3.6
中国	**46.2**	**0.0**	**5.7**	**8.1**	**36.2**	**3.7**
美国	90.2	2.1	0.0	1.7	5.2	0.8
印度	65.8	0.0	0.0	3.7	30.1	0.4
俄罗斯	0.0	48.8	10.4	27.8	11.0	1.9
日本	58.8	0.0	0.0	16.1	20.1	5.1
南非	60.9	0.0	0.0	1.5	18.7	18.9
韩国	61.2	7.1	0.0	14.1	13.7	4.0
德国	73.6	8.0	0.5	7.4	8.6	1.9
波兰	0.0	65.3	5.4	3.1	23.9	2.4
澳大利亚	88.5	1.2	0.0	2.1	6.0	2.3
乌克兰	49.3	6.5	2.4	12.3	25.7	3.9
哈萨克斯坦	0.0	56.5	0.0	9.1	28.6	5.8
土耳其	55.2	2.0	0.0	7.2	32.0	3.5
印尼	81.8	0.0	0.0	0.0	18.2	0.0
英国	77.6	0.5	1.2	7.4	10.0	3.3
加拿大	77.8	0.0	0.0	4.9	17.3	0.0
捷克	40.3	36.4	0.4	5.5	13.9	3.4
泰国	59.9	0.0	0.0	0.1	40.0	0.0
意大利	76.5	3.8	0.0	6.8	12.7	0.2
巴西	23.8	11.1	0.0	17.1	44.1	3.9
西班牙	84.4	0.6	0.0	6.9	6.3	1.8
法国	29.9	0.9	2.4	27.4	35.6	3.7
墨西哥	67.5	0.0	0.0	7.6	21.2	3.7

注: 本表数据为2014年数据; 百分比按标准量计算。

数据来源: 根据IEA, World Energy Balances (2016 edition) 相关数据计算得到。

表 1 - 22　分行业煤炭消费量

年份　　指标	2010	2011	2012	2013	2014	2015
消费总量	349008	388961	411727	424426	411614	397014
农、林、牧、渔、水利业	2147	2207	2266	2451	2579	2625
工业	329728	368916	391191	403157	390497	375650
采掘业	27146	32914	43100	39165	37659	30221
煤炭开采和洗选业	24893	30664	40786	36772	35613	28493
制造业	151519	163946	165862	173152	175976	179476
石油加工、炼焦和核燃料加工业	35103	39418	41838	47649	47774	47400
化学原料和化学制品制造业	22379	24507	25843	25789	27085	29977
非金属矿物制品业	30844	33370	32205	31633	33015	31195
黑色金属冶炼和压延工业	30749	33886	34104	34531	34527	33512
电力、煤气生产和供应业	151064	172056	182229	190840	176863	165954
电力、热力生产和供应业	149726	170949	181090	189848	176098	165382
建筑业	731	797	767	811	914	878
交通运输、仓储和邮政业	639	646	614	615	558	492
批发、零售业和住宿、餐饮业	3192	3572	3752	3966	3767	3864
其他行业	3412	3612	3883	4136	4046	4159
生活消费	9159	9212	9253	9290	9253	9347

数据来源：国家统计局《中国能源统计年鉴 2016》。

表1-23　分行业煤炭消费结构

单位:%

指标 年份	2010	2011	2012	2013	2014	2015
消费总量	**100.0**	**100.0**	**100.0**	**100.0**	**100.0**	**100.0**
农、林、牧、渔、水利业	0.6	0.6	0.6	0.6	0.6	0.7
工业	94.5	94.8	95.0	95.0	94.9	94.6
采掘业	7.8	8.5	10.5	9.2	9.1	7.6
煤炭开采和洗选业	7.1	7.9	9.9	8.7	8.7	7.2
制造业	43.4	42.1	40.3	40.8	42.8	45.2
石油加工、炼焦和核燃料加工业	10.1	10.1	10.2	11.2	11.6	11.9
化学原料和化学制品制造业	6.4	6.3	6.3	6.1	6.6	7.6
非金属矿物制品业	8.8	8.6	7.8	7.5	8.0	7.9
黑色金属冶炼和压延加工业	8.8	8.7	8.3	8.1	8.4	8.4
电力、煤气及水生产和供应业	43.3	44.2	44.3	45.0	43.0	41.8
电力、热力生产和供应业	42.9	44.0	44.0	44.7	42.8	41.7
建筑业	0.2	0.2	0.2	0.2	0.2	0.2
交通运输、仓储和邮政业	0.2	0.2	0.1	0.1	0.1	0.1
批发、零售业和住宿、餐饮业	0.9	0.9	0.9	0.9	0.9	1.0
其他行业	1.0	0.9	0.9	1.0	1.0	1.0
生活消费	2.6	2.4	2.2	2.2	2.2	2.4

数据来源:根据表1-22数据计算得到。

（三）石油消费

表1-24 石油消费总量

指标 年份	石油消费总量		人均石油消费量		日均石油消费量	
	绝对额 （亿吨）	增速 （%）	绝对额 （千克/人）	增速 （%）	绝对额 （万吨/日）	绝对额 （万桶/日）
2000	2.25	6.8	178	6.1	61	451
2001	2.30	2.0	180	1.3	63	461
2002	2.48	8.1	194	7.4	68	499
2003	2.76	11.1	214	10.4	76	554
2004	3.21	16.3	247	15.6	88	642
2005	3.25	1.5	250	0.9	89	654
2006	3.49	7.3	266	6.7	96	701
2007	3.67	4.9	278	4.4	100	736
2008	3.73	1.9	282	1.3	102	748
2009	3.87	3.6	290	3.1	106	777
2010	4.41	14.0	330	13.5	121	886
2011	4.56	3.4	339	2.9	125	916
2012	4.78	4.8	354	4.3	131	957
2013	5.00	4.5	368	4.0	137	1004
2014	5.18	3.7	380	3.2	142	1041
2015	5.52	6.4	402	5.9	151	1108
2016	5.62	1.8	407	1.3	153	1125

注：每吨按7.33桶折算。

数据来源：2000-2015年数据来自国家统计局历年《中国能源统计年鉴》；2016人口数据来自国家统计局《2016年国民经济和社会发展统计公报》，石油消费总量根据相关数据计算得出。

表 1-25　石油消费总量国际比较

单位：亿吨

国家/地区＼年份	2010	2011	2012	2013	2014	2015	2015占比（%）
世界	40.80	41.22	41.69	42.10	42.52	43.31	100.0
OECD	21.19	20.94	20.71	20.57	20.34	20.56	47.5
非 OECD	19.61	20.27	20.98	21.53	22.18	22.75	52.5
美国	8.50	8.35	8.17	8.32	8.38	8.52	19.7
欧盟	6.65	6.45	6.18	6.02	5.91	6.02	13.9
中国	**4.48**	**4.64**	**4.86**	**5.07**	**5.27**	**5.6**	**12.9**
印度	1.55	1.63	1.74	1.75	1.81	1.96	4.5
日本	2.03	2.04	2.17	2.08	1.97	1.9	4.4
沙特	1.37	1.39	1.46	1.47	1.6	1.68	3.9
俄罗斯	1.33	1.42	1.45	1.45	1.51	1.43	3.3
巴西	1.2	1.26	1.29	1.37	1.43	1.37	3.2
韩国	1.05	1.06	1.09	1.08	1.08	1.14	2.6
德国	1.15	1.12	1.11	1.13	1.1	1.1	2.5
加拿大	1.02	1.05	1.03	1.04	1.03	1	2.3
伊朗	0.87	0.88	0.89	0.96	0.93	0.89	2.1
墨西哥	0.89	0.9	0.92	0.9	0.85	0.84	1.9
法国	0.84	0.83	0.8	0.79	0.77	0.76	1.8
印尼	0.64	0.73	0.75	0.75	0.76	0.74	1.7
英国	0.75	0.74	0.71	0.71	0.7	0.72	1.7
新加坡	0.61	0.64	0.63	0.64	0.66	0.7	1.6
西班牙	0.72	0.69	0.65	0.59	0.59	0.61	1.4
意大利	0.73	0.7	0.64	0.59	0.56	0.59	1.4
泰国	0.48	0.5	0.52	0.55	0.55	0.57	1.3
澳大利亚	0.43	0.46	0.47	0.47	0.45	0.46	1.1
中国台湾	0.47	0.45	0.45	0.45	0.45	0.46	1.1

数据来源：BP Statistical Review of World Energy 2016.

表 1-26　日均石油消费量国际比较

单位：万桶

年份 国家/地区	2010	2011	2012	13	2014	2015	2015 占比 （%）
世界	8876	8979	9066	9205	9311	9501	100.0
OECD	4661	4607	4551	4555	4513	4564	47.5
非 OECD	4216	4372	4515	4650	4798	4936	52.5
美国	1918	1888	1849	1896	1911	1940	19.7
欧盟	1394	1351	1295	1271	1251	1271	13.9
中国	**944**	**979**	**1023**	**1073**	**1120**	**1197**	**12.9**
印度	332	349	369	373	385	416	4.5
日本	444	444	469	453	431	415	4.4
沙特	322	329	346	347	373	389	4.1
俄罗斯	288	307	312	315	326	311	3.3
巴西	272	284	291	311	324	316	3.3
韩国	237	239	246	246	245	257	2.7
德国	244	237	236	241	235	234	2.5
加拿大	232	240	237	238	237	232	2.4
伊朗	188	190	191	205	201	195	2.1
墨西哥	201	204	206	202	194	193	2.0
法国	176	173	168	166	162	161	1.7
印尼	140	159	163	164	168	163	1.7
英国	162	159	153	152	151	156	1.6
新加坡	116	121	120	122	127	134	1.4
西班牙	145	138	129	119	119	123	1.3
意大利	153	148	135	126	119	126	1.3
泰国	112	119	125	130	131	134	1.4
澳大利亚	95	99	102	101	99	101	1.1
中国台湾	105	98	98	101	102	103	1.1

数据来源：BP Statistical Review of World Energy 2016.

表1-27 分地区石油消费量

单位：万吨

地区 \ 年份	2010	2011	2012	2013	2014	2015
全　国	44101	45620	47797	49971	51814	55160
地区加总	46197	49606	52384	50959	52570	55494
北　京	1455	1535	1533	1481	1538	1584
天　津	1283	1516	1619	1542	1615	1732
河　北	1424	1582	1620	1489	1423	1632
山　西	754	759	773	783	747	775
内蒙古	1161	1348	1278	1021	967	869
辽　宁	3816	4403	4993	4074	4084	4470
吉　林	994	1079	1002	1020	1014	950
黑龙江	1892	2128	2252	1848	2000	2032
上　海	3298	3148	3260	3396	3292	3460
江　苏	2570	2573	2935	2814	3048	3088
浙　江	2518	2708	2751	2814	2781	2970
安　徽	638	707	992	1177	1311	1405
福　建	1575	1649	1699	1809	2262	2112
江　西	714	727	780	919	941	1018
山　东	4691	5039	5179	3901	3648	4042
河　南	1334	1525	1693	1951	1978	2100
湖　北	1760	1852	1988	2268	2505	2551
湖　南	1146	1235	1303	1520	1560	1734
广　东	5563	5462	5481	5178	5320	5619
广　西	890	1019	1132	999	1109	1228
海　南	391	402	410	387	419	453
重　庆	505	622	637	706	704	793
四　川	1497	1825	1961	2395	2724	3029
贵　州	494	546	562	658	683	842
云　南	899	975	1070	996	1061	1108
陕　西	1103	1154	1199	1177	1213	1114
甘　肃	608	662	691	872	881	887
青　海	149	254	243	227	240	261
宁　夏	204	199	251	264	233	210
新　疆	869	971	1100	1271	1270	1423

数据来源：国家统计局历年《中国能源统计年鉴》。

表1-28 分行业石油消费量

单位：万吨

年份 \ 行业	农、林、牧、渔业	工业	建筑业	交通运输、仓储和邮政业	批发、零售业和住宿、餐饮业	其他行业	生活消费
2000	789	11249	841	6399	247	1636	1336
2001	839	11295	934	6588	252	1674	1375
2002	922	12169	1047	7217	273	1699	1497
2003	1058	13221	1191	8263	299	1786	1766
2004	1231	14829	1392	10062	349	2002	2208
2005	1452	14030	1502	10928	376	1974	2284
2006	1540	14649	1649	12014	392	2078	2609
2007	1400	14901	1823	12907	427	2216	2981
2008	1266	15285	1517	13627	366	2354	2917
2009	1308	15768	2042	13650	430	2306	3168
2010	1383	18555	2483	15079	481	2578	3542
2011	1466	17986	2582	16221	500	2880	3984
2012	1538	17753	2741	17864	542	3068	4292
2013	1650	17595	3091	18968	565	3350	4752
2014	1718	18218	3312	19547	563	3152	5305
2015	1733	18908	3508	20550	616	3683	6162

数据来源：国家统计局历年《中国能源统计年鉴》。

表 1-29　分行业石油消费结构

単位:%

行业 年份	农、林、牧、渔业	工业	建筑业	交通运输、仓储和邮政业	批发、零售业和住宿、餐饮业	其他行业	生活消费
2000	3.5	50.0	3.7	28.4	1.1	7.3	5.9
2001	3.7	49.2	4.1	28.7	1.1	7.3	6.0
2002	3.7	49.0	4.2	29.1	1.1	6.8	6.0
2003	3.8	47.9	4.3	30.0	1.1	6.5	6.4
2004	3.8	46.2	4.3	31.4	1.1	6.2	6.9
2005	4.5	43.1	4.6	33.6	1.2	6.1	7.0
2006	4.4	41.9	4.7	34.4	1.1	5.9	7.5
2007	3.8	40.7	5.0	35.2	1.2	6.0	8.1
2008	3.4	40.9	4.1	36.5	1.0	6.3	7.8
2009	3.4	40.8	5.3	35.3	1.1	6.0	8.2
2010	3.1	42.1	5.6	34.2	1.1	5.8	8.0
2011	3.2	39.4	5.7	35.6	1.1	6.3	8.7
2012	3.2	37.1	5.7	37.4	1.1	6.4	9.0
2013	3.3	35.2	6.2	38.0	1.1	6.7	9.5
2014	3.3	35.2	6.4	37.7	1.1	6.1	10.2
2015	3.1	34.3	6.4	37.3	1.1	6.7	11.2

数据来源:根据表 1-28 数据计算得到。

表1-30 分行业终端石油消费结构国际比较

单位:%

行业 国家/地区	农、林、渔业	工业与非能源使用	交通运输业	商业和公共服务	其他行业	生活消费
世界	3.0	24.2	64.5	2.3	0.5	5.5
OECD	2.6	23.5	65.8	3.1	0.2	4.8
非OECD	4.0	30.1	55.5	2.0	0.9	7.4
美国	2.2	12.4	80.4	1.8	0.0	3.2
欧盟	2.9	24.2	61.8	3.3	0.5	7.3
中国	**3.9**	**31.9**	**54.0**	**3.2**	**0.0**	**7.0**
印度	5.6	35.3	42.7	0.7	1.2	14.5
日本	0.5	37.1	45.0	9.9	0.0	7.6
沙特	0.0	48.9	47.8	1.7	0.0	1.7
俄罗斯	3.4	43.7	44.9	1.9	0.0	6.1
巴西	5.7	25.0	62.7	0.7	0.0	6.0
韩国	1.7	56.6	34.8	2.2	1.4	3.3
德国	0.0	23.9	55.1	7.7	0.1	13.2
加拿大	5.2	26.2	62.5	3.9	0.0	2.1
伊朗	4.4	25.1	60.9	2.3	0.0	7.3
墨西哥	4.0	15.5	70.0	2.2	0.0	8.3
法国	5.1	22.6	58.6	3.4	1.0	9.2
印尼	2.9	15.9	68.7	1.2	0.2	11.2
英国	0.7	20.0	72.8	1.5	0.5	4.5
新加坡	0.0	80.1	19.0	0.7	0.0	0.2
西班牙	4.2	16.0	69.4	3.1	0.3	7.0
意大利	4.4	18.4	71.0	1.2	0.2	4.7
泰国	7.6	52.2	35.2	1.6	0.0	3.4
澳大利亚	4.8	20.3	72.3	1.7	0.0	0.9
中国台湾	0.9	61.7	32.1	2.2	0.3	2.7

注:本表数据为2014年数据。

数据来源:根据IEA,World Energy Balances(2016 edition)相关数据计算得到。

表1-31　主要品种石油消费量

单位：万吨

品种 年份	原油	汽油	煤油	柴油	燃料油	液化石油气	柴汽比
2000	21232	3505	872	6806	3873	1390	1.94
2001	21411	3598	890	7158	3850	1411	1.99
2002	22694	3804	919	7790	3724	1627	2.05
2003	25181	4119	922	8575	4330	1818	2.08
2004	29009	4696	1061	10207	4845	2016	2.17
2005	30089	4855	1077	10975	4244	2046	2.26
2006	32245	5243	1125	11729	4471	2253	2.24
2007	34032	5519	1244	12492	4157	2328	2.26
2008	35510	6146	1294	13545	3237	2119	2.20
2009	38129	6173	1450	13551	2829	2153	2.20
2010	42875	6956	1765	14699	3758	2322	2.11
2011	43966	7596	1817	15635	3663	2470	2.06
2012	46679	8166	1957	16966	3683	2482	2.08
2013	48652	9366	2164	17151	3954	2823	1.83
2014	51547	9776	2335	17165	4401	3290	1.76
2015	54088	11368	2664	17360	4662	3961	1.53
2016	57063	-	-	-	-	-	-

注：柴汽比 = 柴油消费量/汽油消费量。

数据来源：2000 - 2015 年数据来自国家统计局历年《中国能源统计年鉴》；2016 年数据根据国家统计局《2016 年国民经济和社会发展统计公报》相关数据计算得到。

表1-32 分行业汽油消费量

单位：万吨

年份＼行业	农、林、牧、渔业	工业	建筑业	交通运输、仓储和邮政业	批发、零售业和住宿、餐饮业	其他行业	生活消费
2000	89	682	116	1528	70	793	228
2001	93	705	117	1564	69	804	245
2002	102	718	112	1658	74	866	274
2003	117	633	114	1962	78	877	339
2004	134	507	156	2334	120	987	457
2005	160	442	172	2430	129	998	524
2006	168	499	181	2592	123	1064	616
2007	173	525	179	2613	132	1120	778
2008	160	586	196	3090	135	1122	855
2009	168	671	235	2882	148	1070	999
2010	169	689	275	3275	168	1166	1214
2011	186	605	283	3574	177	1313	1459
2012	193	581	287	3778	200	1461	1667
2013	199	523	326	4382	221	1819	1896
2014	217	489	331	4665	218	1738	2119
2015	231	477	409	5307	243	2108	2593

数据来源：国家统计局历年《中国能源统计年鉴》。

表1-33 分行业汽油消费结构

单位：%

行业 年份	农、林、牧、渔业	工业	建筑业	交通运输、仓储和邮政业	批发、零售业和住宿、餐饮业	其他行业	生活消费
2000	2.5	19.5	3.3	43.6	2.0	22.6	6.5
2001	2.6	19.6	3.2	43.5	1.9	22.4	6.8
2002	2.7	18.9	3.0	43.6	2.0	22.8	7.2
2003	2.8	15.4	2.8	47.6	1.9	21.3	8.2
2004	2.9	10.8	3.3	49.7	2.6	21.0	9.7
2005	3.3	9.1	3.5	50.1	2.7	20.6	10.8
2006	3.2	9.5	3.4	49.4	2.4	20.3	11.7
2007	3.1	9.5	3.2	47.3	2.4	20.3	14.1
2008	2.6	9.5	3.2	50.3	2.2	18.3	13.9
2009	2.7	10.9	3.8	46.7	2.4	17.3	16.2
2010	2.4	9.9	3.9	47.1	2.4	16.8	17.4
2011	2.4	8.0	3.7	47.0	2.3	17.3	19.2
2012	2.4	7.1	3.5	46.3	2.4	17.9	20.4
2013	2.1	5.6	3.5	46.8	2.4	19.4	20.2
2014	2.2	5.0	3.4	47.7	2.2	17.8	21.7
2015	2.0	4.2	3.6	46.7	2.1	18.5	22.8

数据来源：根据表1-32数据计算得到。

表1-34　分行业煤油消费量

单位：万吨

行业\年份	农、林、牧、渔业	工业	建筑业	交通运输、仓储和邮政业	批发、零售业和住宿、餐饮业	其他行业	生活消费
2000	1.5	84.0	4.0	535.9	14.0	160.1	72.2
2001	1.5	86.0	3.5	560.7	12.5	151.1	75.0
2002	1.4	107.4	0.0	716.8	13.0	40.0	40.7
2003	1.4	87.8	0.0	741.7	11.2	43.2	36.4
2004	1.1	60.9	0.0	919.7	3.6	48.2	27.4
2005	1.6	57.5	0.0	952.4	3.7	36.2	25.5
2006	1.5	48.2	0.0	1010.5	3.8	38.0	22.7
2007	0.9	45.2	0.0	1130.0	4.9	43.2	19.5
2008	1.3	49.1	9.7	1174.6	20.8	25.9	12.7
2009	0.8	32.0	10.4	1314.3	29.1	43.7	20.2
2010	0.9	40.2	8.8	1601.1	35.0	58.7	20.5
2011	1.5	34.2	10.8	1646.4	32.2	68.2	23.5
2012	1.2	32.0	7.9	1787.1	28.6	74.2	25.6
2013	1.2	27.4	11.4	1998.2	13.4	84.6	27.9
2014	0.8	17.4	10.4	2216.0	11.3	50.7	28.9
2015	1.1	21.2	12.5	2504.9	11.7	83.3	29.1

数据来源：国家统计局历年《中国能源统计年鉴》。

表 1-35 分行业煤油消费结构

单位:%

行业 年份	农、林、牧、渔业	工业	建筑业	交通运输、仓储和邮政业	批发、零售业和住宿、餐饮业	其他行业	生活消费
2000	0.2	9.6	0.5	61.5	1.6	18.4	8.3
2001	0.2	9.7	0.4	63.0	1.4	17.0	8.4
2002	0.2	11.7	0.0	78.0	1.4	4.4	4.4
2003	0.1	9.5	0.0	80.5	1.2	4.7	3.9
2004	0.1	5.7	0.0	86.7	0.3	4.5	2.6
2005	0.1	5.3	0.0	88.4	0.3	3.4	2.4
2006	0.1	4.3	0.0	89.8	0.3	3.4	2.0
2007	0.1	3.6	0.0	90.9	0.4	3.5	1.6
2008	0.1	3.8	0.7	90.8	1.6	2.0	1.0
2009	0.1	2.2	0.7	90.6	2.0	3.0	1.4
2010	0.1	2.3	0.5	90.7	2.0	3.3	1.2
2011	0.1	1.9	0.6	90.6	1.8	3.8	1.3
2012	0.1	1.6	0.4	91.3	1.5	3.8	1.3
2013	0.1	1.3	0.5	92.3	0.6	3.9	1.3
2014	0.0	0.7	0.4	94.9	0.5	2.2	1.2
2015	0.0	0.8	0.5	94.0	0.4	3.1	1.1

数据来源:根据表 1-34 数据计算得到。

表1-36 分行业柴油消费量

单位：万吨

行业 年份	农、林、 牧、渔业	工业	建筑业	交通运输、 仓储和 邮政业	批发、零 售业和住 宿、餐饮业	其他 行业	生活 消费
2000	697	1696	206	3294	96	639	178
2001	743	1800	223	3421	98	674	199
2002	819	1879	242	3785	111	740	214
2003	939	1721	276	4435	106	820	278
2004	1092	1884	333	5497	109	918	374
2005	1286	1710	387	6169	116	900	406
2006	1366	1725	429	6677	130	933	470
2007	1219	1813	434	7339	134	1007	545
2008	1099	2181	371	7997	153	1152	592
2009	1134	2044	415	7992	182	1132	653
2010	1207	2090	490	8658	197	1287	771
2011	1272	1824	519	9485	212	1428	895
2012	1335	1748	518	10727	229	1445	964
2013	1442	1676	557	10921	234	1340	982
2014	1492	1595	552	11043	230	1269	984
2015	1493	1516	556	11163	258	1384	991

数据来源：国家统计局历年《中国能源统计年鉴》。

表 1－37　分行业柴油消费结构

单位:%

行业 年份	农、林、牧、渔业	工业	建筑业	交通运输、仓储和邮政业	批发、零售业和住宿、餐饮业	其他行业	生活消费
2000	10.2	24.9	3.0	48.4	1.4	9.4	2.6
2001	10.4	25.1	3.1	47.8	1.4	9.4	2.8
2002	10.5	24.1	3.1	48.6	1.4	9.5	2.7
2003	11.0	20.1	3.2	51.7	1.2	9.6	3.2
2004	10.7	18.5	3.3	53.9	1.1	9.0	3.7
2005	11.7	15.6	3.5	56.2	1.1	8.2	3.7
2006	11.6	14.7	3.7	56.9	1.1	8.0	4.0
2007	9.8	14.5	3.5	58.8	1.1	8.1	4.4
2008	8.1	16.1	2.7	59.0	1.1	8.5	4.4
2009	8.4	15.1	3.1	59.0	1.3	8.4	4.8
2010	8.2	14.2	3.3	58.9	1.3	8.8	5.2
2011	8.1	11.7	3.3	60.7	1.4	9.1	5.7
2012	7.9	10.3	3.1	63.2	1.3	8.5	5.7
2013	8.4	9.8	3.2	63.7	1.4	7.8	5.7
2014	8.7	9.3	3.2	64.3	1.3	7.4	5.7
2015	8.6	8.7	3.2	64.3	1.5	8.0	5.7

数据来源:根据表 1－36 数据计算得到。

（四）天然气消费

表1-38 天然气消费总量

指标 年份	消费总量		人均消费量		日均消费量	
	绝对额（亿立方米）	增速（%）	绝对额（立方米/人）	增速（%）	绝对额（亿立方米/日）	增速（%）
2000	245	14.0	19	13.1	0.67	13.7
2001	274	11.9	22	11.1	0.75	12.3
2002	292	6.4	23	5.7	0.80	6.4
2003	339	16.2	26	15.5	0.93	16.2
2004	397	17.0	31	16.3	1.08	16.7
2005	466	17.5	36	16.8	1.28	17.8
2006	573	23.0	44	22.3	1.57	23.0
2007	705	23.0	54	22.4	1.93	23.0
2008	813	15.3	61	14.7	2.22	15.0
2009	895	10.1	67	9.6	2.45	10.4
2010	1080	20.7	81	20.1	2.96	20.7
2011	1341	24.1	100	23.6	3.67	24.1
2012	1497	11.6	111	11.1	4.09	11.3
2013	1705	13.9	126	13.4	4.67	14.2
2014	1869	9.6	137	9.0	5.12	9.6
2015	1932	3.4	141	2.8	5.29	3.3
2016	2087	8.0	151	7.4	5.70	7.7

注：从2010年起包括液化天然气数据；人均量根据年中人口数计算。

数据来源：1999－2015年人口数据来自国家统计局《中国统计年鉴2016》，1999－2015年内天然气消费数据来自国家统计局历年《中国能源统计年鉴》；2016年数据根据国家统计局《2016年国民经济和社会发展统计公报》相关数据计算得到。

表1-39　天然气消费总量国际比较

单位：亿立方米

年份 国家/地区	2010	2011	2012	2013	2014	2015	2015占比（%）
世界	32014	32492	33325	33929	34102	34686	100.0
OECD	15588	15446	15816	16092	15828	16061	46.5
非OECD	16427	17046	17510	17837	18274	18626	53.5
美国	6821	6931	7232	7406	7560	7780	22.8
欧盟	4996	4505	4398	4324	3845	4021	11.5
俄罗斯	4141	4246	4162	4135	4119	3915	11.2
中国	1112	1371	1509	1719	1884	1973	5.7
伊朗	1529	1622	1615	1629	1800	1912	5.5
日本	945	1055	1169	1169	1180	1134	3.3
沙特	877	923	993	1000	1024	1064	3.1
加拿大	950	1009	1002	1039	1042	1025	2.9
墨西哥	725	766	799	833	868	832	2.4
德国	841	773	775	812	711	746	2.1
阿联酋	608	632	656	673	663	691	2.0
英国	942	781	739	730	667	683	2.0
意大利	756	709	682	638	563	614	1.8
泰国	451	466	513	523	527	529	1.5
印度	615	619	575	504	506	506	1.5
乌兹别克斯坦	408	476	472	468	488	503	1.4
埃及	451	496	526	514	480	478	1.4
阿根廷	432	452	468	465	471	475	1.4
卡塔尔	321	207	259	427	397	452	1.3
土耳其	390	409	414	418	447	436	1.3
韩国	430	463	502	525	478	436	1.3
巴基斯坦	423	423	438	426	419	434	1.2
巴西	268	267	317	373	394	409	1.2
马来西亚	345	348	355	403	408	398	1.1
印尼	434	421	422	408	409	397	1.1
法国	473	411	425	431	362	391	1.1
阿尔及利亚	263	278	310	334	375	390	1.1
乌克兰	522	537	496	433	368	288	0.8

数据来源：BP Statistical Review of World Energy 2016.

表 1-40　分地区天然气消费量

单位：亿立方米

年份 地区	2010	2011	2012	2013	2014	2015
全　国	1080	1341	1497	1705	1869	1932
地区加总	1156	1319	1502	1648	1825	1947
北　京	74.8	73.6	92.1	98.8	113.7	146.9
天　津	23.1	26.0	32.6	37.8	45.5	64.0
河　北	29.7	35.1	45.1	49.9	56.1	73.0
山　西	28.9	31.9	37.4	45.1	50.3	64.9
内蒙古	45.3	40.8	37.8	43.5	44.5	39.2
辽　宁	19.1	39.1	63.7	78.7	84.0	55.3
吉　林	22.0	19.4	22.8	24.1	22.6	21.3
黑龙江	29.9	31.0	33.7	34.8	35.5	35.8
上　海	45.1	55.4	64.4	72.9	72.4	77.4
江　苏	72.1	93.7	113.1	124.5	127.7	165.0
浙　江	32.6	43.9	48.1	56.7	78.2	80.3
安　徽	12.5	20.1	24.9	27.8	34.5	34.8
福　建	29.1	37.9	37.5	49.4	50.3	45.4
江　西	5.3	6.3	10.0	13.4	15.2	18.0
山　东	47.8	52.9	67.2	68.8	75.0	82.3
河　南	47.2	55.0	73.9	79.8	76.9	78.8
湖　北	19.6	24.9	29.3	32.0	40.2	40.3
湖　南	11.9	15.3	18.8	20.5	24.4	26.5
广　东	95.7	114.5	116.5	124.0	133.8	145.2
广　西	1.8	2.5	3.2	4.5	8.3	8.4
海　南	29.7	48.9	47.5	46.0	46.0	46.0
重　庆	56.6	61.8	71.0	72.2	82.1	88.4
四　川	175.4	156.1	153.0	148.3	165.2	171.0
贵　州	4.2	4.8	5.3	8.4	10.6	13.3
云　南	3.6	4.2	4.3	4.3	4.6	6.3
陕　西	59.2	62.5	66.0	70.3	74.3	82.7
甘　肃	14.4	15.9	20.3	23.2	25.2	26.0
青　海	23.7	32.1	40.1	41.6	40.6	44.4
宁　夏	15.5	18.6	20.5	19.6	17.9	20.7
新　疆	80.2	95.0	102.0	127.4	169.9	145.8

注：本表包括液化天然气数据。

数据来源：国家统计局历年《中国能源统计年鉴》。

表1-41　分行业天然气消费量

単位：亿立方米

指标 年份	农、林、牧、渔业	工业	建筑业	交通运输、仓储和邮政业	批发、零售业和住宿、餐饮业	其他行业	生活消费
2000	–	199.0	0.8	8.8	3.4	0.6	32.3
2001	–	214.8	0.7	11.0	5.0	0.7	42.1
2002	–	222.5	0.7	16.4	6.1	–	46.2
2003	–	251.4	0.7	18.8	6.9	9.4	51.9
2004	–	278.6	1.4	26.2	9.2	14.1	67.2
2005	–	327.2	1.5	38.0	10.8	9.1	79.4
2006	–	398.9	1.7	44.2	13.2	12.8	102.6
2007	–	479.7	2.1	46.9	17.1	16.1	143.4
2008	–	531.6	1.0	71.6	17.8	20.9	170.1
2009	–	577.9	1.0	91.1	24.0	23.6	177.7
2010	0.5	691.8	1.2	106.7	27.2	26.0	226.9
2011	0.6	875.7	1.3	138.3	33.6	27.1	264.4
2012	0.6	980.7	1.3	154.5	38.7	32.9	288.3
2013	0.7	1129.1	2.0	175.8	39.3	35.6	322.9
2014	0.8	1221.3	1.9	214.4	46.6	41.3	342.6
2015	0.9	1234.5	2.2	237.6	51.3	45.4	359.8

注：2010年起包括液化天然气数据。

数据来源：国家统计局历年《中国能源统计年鉴》。

表 1-42 分行业天然气消费结构

单位:%

指标 年份	农、林、牧、渔业	工业	建筑业	交通运输、仓储和邮政业	批发、零售业和住宿、餐饮业	其他行业	生活消费
2000	-	81.2	0.3	3.6	1.4	0.3	13.2
2001	-	78.3	0.3	4.0	1.8	0.3	15.4
2002	-	76.3	0.2	5.6	2.1	-	15.8
2003	-	74.1	0.2	5.6	2.0	2.8	15.3
2004	-	70.2	0.4	6.6	2.3	3.6	16.9
2005	-	70.2	0.3	8.2	2.3	2.0	17.0
2006	-	69.6	0.3	7.7	2.3	2.2	17.9
2007	-	68.0	0.3	6.6	2.4	2.3	20.3
2008	-	65.4	0.1	8.8	2.2	2.6	20.9
2009	-	64.6	0.1	10.2	2.7	2.6	19.8
2010	0.0	64.0	0.1	9.9	2.5	2.4	21.0
2011	0.0	65.3	0.1	10.3	2.5	2.0	19.7
2012	0.0	65.5	0.1	10.3	2.6	2.2	19.3
2013	0.0	66.2	0.1	10.3	2.3	2.1	18.9
2014	0.0	65.3	0.1	11.5	2.5	2.2	18.3
2015	0.0	63.9	0.1	12.3	2.7	2.4	18.6

数据来源:根据表 1-41 数据计算得到。

表1-43 分用途天然气消费量

单位：亿立方米

指标\年份	火力发电	供热	炼油及煤制油	制气	损失	终端消费
2000	15.21	14.25	0.00	0.00	6.66	208.91
2001	13.00	16.41	0.00	0.00	6.22	238.67
2002	11.05	17.02	0.00	0.00	6.33	257.44
2003	13.24	14.00	0.00	0.00	6.65	305.19
2004	19.03	20.37	0.00	0.00	7.76	349.56
2005	30.12	23.17	0.00	4.10	10.33	398.36
2006	57.56	16.23	0.00	5.61	9.90	484.03
2007	80.68	19.83	0.00	4.23	11.11	589.38
2008	81.97	21.40	0.00	6.04	13.83	689.69
2009	134.24	25.70	0.00	3.07	21.76	710.43
2010	184.92	29.17	0.00	3.92	20.05	842.18
2011	224.98	29.27	0.00	3.11	18.92	1056.02
2012	229.11	34.32	2.17	2.75	23.20	1205.46
2013	241.93	42.82	5.92	2.35	20.68	1391.67
2014	252.42	52.96	4.67	1.78	24.98	1532.12
2015	291.59	61.70	3.75	3.24	20.38	1209.66

注：2010年起包括液化天然气数据；1万吨LNG折合0.138亿立方米天然气；损失包括液化损失和储运过程中的损失。

数据来源：国家统计局历年《中国能源统计年鉴》。

表 1-44　分用途天然气消费结构

单位:%

指标 年份	火力 发电	供热	炼油及 煤制油	制气	损失	终端 消费
2000	6.2	5.8	0.0	0.0	2.7	85.3
2001	4.7	6.0	0.0	0.0	2.3	87.0
2002	3.8	5.8	0.0	0.0	2.2	88.2
2003	3.9	4.1	0.0	0.0	2.0	90.0
2004	4.8	5.1	0.0	0.0	2.0	88.1
2005	6.5	5.0	0.0	0.9	2.2	85.5
2006	10.0	2.8	0.0	1.0	1.7	84.4
2007	11.4	2.8	0.0	0.6	1.6	83.6
2008	10.1	2.6	0.0	0.7	1.7	84.8
2009	15.0	2.9	0.0	0.3	2.4	79.4
2010	17.1	2.7	0.0	0.4	1.9	78.0
2011	16.9	2.2	0.0	0.2	1.4	79.3
2012	15.3	2.3	0.1	0.2	1.5	80.5
2013	14.2	2.5	0.3	0.1	1.2	81.6
2014	13.5	2.8	0.2	0.1	1.3	82.0
2015	18.3	3.9	0.2	0.2	1.3	76.1

数据来源：根据表 1-43 数据计算得到。

表 1-45   分用途天然气消费结构国际比较

单位:%

指标 国家/地区	发电	热电联产	供热	其他转化	能源工业自用	损失	终端消费
世界	26.4	10.5	2.7	1.0	10.0	0.7	48.6
OECD	26.9	7.6	0.6	0.6	9.9	0.2	54.3
非 OECD	26.0	13.1	4.5	1.3	10.1	1.3	43.7
美国	26.4	6.7	0.0	0.7	9.3	0.0	57.0
欧盟	10.2	14.0	2.4	0.5	4.3	0.5	68.1
俄罗斯	0.7	44.0	14.7	0.5	3.0	1.3	35.8
中国	13.5	0.0	2.9	0.1	13.8	1.2	68.6
伊朗	29.1	0.0	0.0	0.0	6.5	0.0	64.4
日本	69.1	0.0	0.3	0.0	3.6	0.0	27.0
沙特	55.7	0.0	0.0	0.0	4.0	0.0	40.3
加拿大	10.2	3.3	0.0	3.1	31.7	0.5	51.2
墨西哥	47.3	6.7	0.0	0.0	22.8	0.0	23.2
德国	2.9	6.4	3.5	0.0	2.3	0.0	84.9
阿联酋	54.7	0.0	0.0	0.0	1.2	0.0	44.1
英国	24.3	4.0	3.4	0.0	6.4	0.9	61.1
意大利	10.6	24.5	0.0	0.0	2.4	0.5	61.9
泰国	58.4	0.0	0.0	0.0	21.9	0.0	19.7
印度	31.5	0.0	0.0	0.0	2.0	0.0	66.5
乌兹别克斯坦	16.2	16.5	4.7	0.0	3.5	3.3	55.7
埃及	57.0	0.0	0.0	0.0	13.0	0.0	30.0
阿根廷	35.8	0.0	0.0	0.0	13.9	0.5	49.8
卡塔尔	19.1	0.0	0.0	33.4	29.6	0.0	17.8
土耳其	43.3	5.9	0.0	0.0	2.5	0.0	48.4
韩国	35.3	11.9	0.2	0.0	0.3	0.0	52.3
巴基斯坦	23.6	0.0	0.0	0.0	0.6	6.7	69.1
巴西	38.5	7.0	0.0	2.4	14.7	1.2	36.2
马来西亚	45.8	0.0	0.0	2.8	21.5	4.8	25.1
印尼	31.1	0.0	0.0	0.0	19.0	7.6	42.4
法国	2.2	5.3	1.7	0.0	3.0	1.2	86.6
阿尔及利亚	41.7	0.0	0.0	0.0	16.4	1.4	40.5
乌克兰	1.0	12.5	17.8	0.0	2.9	1.4	64.3

注: 本表数据为 2014 年数据。

数据来源: IEA, World Energy Statistics (2016 edition).

（五）电力消费

表1-46 全社会用电量

指标 / 年份	全社会用电量		人均用电量		日均用电量	
	绝对额（亿千瓦时）	增速（%）	绝对额（千瓦时/人）	增速（%）	绝对额（亿千瓦时/日）	增速（%）
2000	13466	—	1067	—	37	—
2001	14683	9.0	1154	8.2	40	9.3
2002	16386	11.6	1280	10.9	45	11.6
2003	18891	15.3	1466	14.6	52	15.3
2004	21761	15.2	1679	14.5	59	14.9
2005	24781	13.9	1906	13.2	68	14.2
2006	28368	14.5	2164	13.8	78	14.5
2007	32565	14.8	2471	14.2	89	14.8
2008	34380	5.6	2595	5.0	94	5.3
2009	36598	6.5	2749	5.9	100	6.7
2010	41999	14.8	3140	14.2	115	14.8
2011	47022	12.0	3498	11.4	129	12.0
2012	49658	5.6	3676	5.1	136	5.3
2013	53423	7.6	3936	7.1	146	7.9
2014	56393	5.6	4134	5.0	155	5.6
2015	56373	0.0	4111	-0.6	154	0.0
2016	59198	5.0	4294	4.4	162	4.7

注：人均量根据年中人口数计算。

数据来源：2000-2015年人口数据来自国家统计局《中国统计年鉴2016》；2016年人口数据来自国家统计局《2016年国民经济和社会发展统计公报》；2000-2014年全社会用电量数据来自中国电力企业联合会历年《电力工业统计资料汇编》；2015-2016年全社会用电量数据来自中国电力企业联合会《2016年全国电力工业统计快报》。

表 1-47　全社会用电量国际比较

国家/地区	2010 年 用电量（亿千瓦时）	2011 年 用电量（亿千瓦时）	2012 年 用电量（亿千瓦时）	2013 年 用电量（亿千瓦时）	2014 年 用电量（亿千瓦时）	2014 年 人均用电量（千瓦时/人）	2014 年 占比（%）
世界	198092	204723	209097	215649	219625	3025	100.0
OECD	102799	102205	101895	102186	101715	7978	46.3
非 OECD	95293	102519	107202	113463	117911	1970	53.7
中国	**39377**	**44330**	**46937**	**51220**	**53576**	**3928**	**24.4**
美国	41434	41272	40692	41101	41371	12973	18.8
印度	7904	8713	9155	9788	10423	805	4.7
日本	11008	10354	10208	10181	9953	7829	4.5
俄罗斯	9157	9272	9476	9384	9496	6603	4.3
德国	5941	5845	5847	5821	5698	7035	2.6
加拿大	5193	5372	5324	5526	5524	15542	2.5
巴西	4647	4801	4985	5164	5312	2578	2.4
韩国	4815	5059	5173	5237	5327	10564	2.4
法国	5030	4727	4835	4863	4602	6921	2.1
英国	3578	3462	3471	3469	3314	5130	1.5
意大利	3257	3275	3214	3108	3041	5002	1.4
沙特	2187	2266	2479	2640	2907	9410	1.3
墨西哥	2303	2565	2643	2548	2597	2071	1.2
中国台湾	2373	2419	2410	2451	2511	10738	1.1
西班牙	2658	2617	2607	2522	2490	5356	1.1
伊朗	1962	2001	2104	2165	2341	2996	1.1
澳大利亚	2363	2374	2366	2364	2364	10076	1.1
南非	2327	2375	2307	2301	2290	4236	1.0
土耳其	1802	1979	2067	2092	2199	2836	1.0

注：人均量根据年中人口数计算。

数据来源：IEA，World Energy Statistics（2016 edition）；人口数据来自世界银行。

表 1−48　分地区用电量

单位：亿千瓦时

地区 \ 年份	2010	2011	2012	2013	2014	2015
北　京	810	822	874	913	937	953
天　津	646	695	722	774	794	801
河　北	2692	2985	3078	3251	3314	3176
山　西	1460	1650	1766	1832	1823	1737
内蒙古	1537	1864	2017	2182	2417	2543
辽　宁	1715	1862	1900	2008	2039	1985
吉　林	577	630	637	654	668	652
黑龙江	748	802	828	845	859	869
上　海	1296	1340	1353	1411	1369	1406
江　苏	3864	4282	4581	4957	5013	5115
浙　江	2821	3117	3211	3453	3506	3554
安　徽	1078	1221	1361	1528	1585	1640
福　建	1315	1516	1580	1701	1856	1852
江　西	701	835	868	947	1019	1087
山　东	3298	3635	3795	4083	4223	5117
河　南	2354	2659	2748	2899	2920	2880
湖　北	1330	1451	1508	1630	1657	1665
湖　南	1172	1293	1347	1423	1431	1448
广　东	4060	4399	4619	4830	5235	5311
广　西	993	1112	1154	1238	1308	1334
海　南	159	185	211	232	252	272
重　庆	626	717	724	813	867	875
四　川	1549	1751	1831	1949	2015	1992
贵　州	835	944	1047	1126	1174	1174
云　南	1004	1204	1316	1460	1529	1439
西　藏	20	24	28	31	34	41
陕　西	859	982	1067	1152	1226	1222
甘　肃	804	923	995	1073	1095	1099
青　海	465	561	602	676	723	658
宁　夏	547	725	742	811	849	878
新　疆	662	839	1152	1540	1900	2160

数据来源：中国电力企业联合会历年《电力工业统计资料汇编》。

表 1-49 分行业用电量

单位:亿千瓦时

行业	2010	2011	2012	2013	2014	2015
第一产业	976	1013	1013	1027	1013	1040
第二产业	31355	35263	36841	39912	41524	42249
其中:工业	30872	34692	36232	39237	40803	41550
1. 纺织业	1277	1379	1449	1533	1541	1562
2. 化学原料及化学制品制造业	3145	3528	3936	4341	4628	4754
3. 非金属矿物制品业	2448	2918	2951	3148	3324	3105
4. 黑色金属冶炼及压延加工业	4612	5248	5221	5704	5796	5333
5. 有色金属冶炼及压延加工业	3129	3502	3819	4114	4399	5505
6. 金属制品业	961	959	1038	1213	1303	1264
7. 通用及专用设备制造业	939	1076	1088	1155	1235	1205
8. 交通运输、电气、电子设备制造业	1969	2184	2198	2344	2467	2597
9. 电力、热力的生产和供应业	5688	6512	6567	7184	7291	7435
第三产业	4478	5105	5691	6275	6670	7166
居民生活	5125	5620	6219	6989	7176	7565

数据来源:国家统计局《中国能源统计年鉴 2016》。

表 1-50　分行业用电结构

单位:%

行业 \ 年份	2010	2011	2012	2013	2014	2015
第一产业	2.3	2.2	2.0	1.9	1.8	1.8
第二产业	74.8	75.0	74.0	73.6	73.6	72.8
其中:工业	73.6	73.8	72.8	72.4	72.4	71.6
1. 纺织业	3.0	2.9	2.9	2.8	2.7	2.7
2. 化学原料和化学制品制造业	7.5	7.5	7.9	8.0	8.2	8.2
3. 非金属矿物制品业	5.8	6.2	5.9	5.8	5.9	5.4
4. 黑色金属冶炼和压延加工业	11.0	11.2	10.5	10.5	10.3	9.2
5. 有色金属冶炼和压延加工业	7.5	7.5	7.7	7.6	7.8	9.5
6. 金属制品业	2.3	2.0	2.1	2.2	2.3	2.2
7. 通用及专用设备制造业	2.2	2.3	2.2	2.1	2.2	2.1
8. 交通运输、电气、电子设备制造业	4.7	4.6	4.4	4.3	4.4	4.5
9. 电力、热力的生产和供应业	13.6	13.9	13.2	13.3	12.9	12.8
第三产业	10.7	10.9	11.4	11.6	11.8	12.4
居民生活	12.2	12.0	12.5	12.9	12.7	13.0

数据来源:根据表 1-49 数据计算得到。

表 1-51　终端电力消费结构国际比较

单位：%

行业 国家/地区	农、林、渔业	工业	交通运输业	商业与公共服务	生活	其他
世界	2.8	42.5	1.5	22.1	27.0	4.1
OECD	1.3	32.0	1.1	31.6	31.3	2.7
非 OECD	4.2	51.8	1.9	13.6	23.1	5.3
中国	**2.2**	**67.0**	**1.3**	**6.1**	**15.2**	**8.3**
美国	0.7	21.7	0.2	35.6	37.4	4.3
印度	18.3	41.1	1.8	9.2	23.8	5.8
俄罗斯	2.2	45.2	12.2	20.6	19.8	0.0
日本	0.3	31.1	1.9	35.8	28.8	2.2
德国	0.0	44.6	2.3	27.9	25.3	0.0
巴西	5.3	41.1	0.6	26.6	26.4	0.0
加拿大	1.9	36.8	1.0	21.3	33.0	5.9
韩国	2.8	53.3	0.4	30.6	12.9	0.0
法国	2.1	26.8	3.0	31.7	36.0	0.4
英国	1.2	30.8	1.4	30.7	35.9	0.0
意大利	1.9	40.1	3.7	31.4	22.8	0.0
墨西哥	4.0	56.4	0.5	9.1	21.4	8.7
西班牙	2.3	31.6	1.8	31.0	31.2	2.2
沙特	1.7	17.8	0.0	30.3	50.0	0.2
中国台湾	1.2	58.2	0.6	12.5	19.5	8.0
南非	2.8	60.7	1.9	13.9	19.1	1.7
澳大利亚	1.2	38.2	2.3	30.4	27.9	0.0
伊朗	15.9	34.2	0.2	15.9	32.1	1.7
土耳其	2.5	46.7	0.5	27.9	22.5	0.0

注：本表数据为 2014 年数据。

数据来源：根据 IEA，World Energy Statistics（2016 edition）相关数据计算得到。

表 1−52　各地区分行业用电结构

单位:%

行业\地区	第一产业	第二产业	其中:工业	第三产业	居民生活
北　京	2.0	28.1	25.7	50.2	19.6
天　津	1.9	69.6	67.8	17.6	10.9
河　北	3.3	71.7	70.6	12.5	12.5
山　西	2.5	77.9	76.8	9.9	9.7
内蒙古	1.6	88.7	88.3	4.6	5.0
辽　宁	1.7	71.8	70.3	14.3	12.2
吉　林	1.9	64.4	62.9	17.3	16.4
黑龙江	4.7	63.0	61.6	13.0	19.2
上　海	0.6	56.2	53.5	29.2	13.9
江　苏	1.1	76.4	75.4	11.8	10.8
浙　江	0.7	73.2	71.6	13.1	13.0
安　徽	1.1	68.7	67.1	13.9	16.3
福　建	1.4	66.3	64.9	13.1	19.2
江　西	1.0	66.8	65.0	14.2	18.0
山　东	1.9	80.2	79.5	8.2	9.7
河　南	3.2	70.4	69.4	12.8	13.6
湖　北	1.3	69.1	67.7	13.8	15.8
湖　南	1.2	60.6	59.3	15.1	23.1
广　东	1.8	64.3	63.1	17.3	16.7
广　西	2.1	66.1	64.7	11.8	20.0
海　南	5.0	47.4	43.9	28.2	19.4
重　庆	0.3	70.9	68.2	12.1	16.7
四　川	0.7	65.7	63.5	15.1	18.5
贵　州	0.5	71.5	69.7	9.5	18.5
云　南	1.1	71.7	69.6	10.8	16.5
陕　西	3.1	65.3	63.1	16.3	15.4
甘　肃	4.2	78.4	77.2	10.0	7.3
青　海	0.4	91.8	90.9	4.2	3.6
宁　夏	1.9	91.2	90.5	4.1	2.8
新　疆	7.2	83.5	82.8	5.3	3.9

注: 本表数据为 2015 年数据。

数据来源: 根据国家统计局《中国能源统计年鉴 2016》相关数据计算得到。

二、能源投资

表2-1 能源工业分行业投资

单位：亿元

行业\年份	能源工业投资总额	煤炭开采和洗选业	石油和天然气开采业	电力、蒸汽、热水生产和供应业	石油加工及炼焦业	煤气生产和供应业	能源工业投资额占全社会固定资产投资额比重（%）
2000	3991	211	789	2744	173	74	12.1
2001	3818	222	810	2468	242	77	10.3
2002	4262	301	815	2823	236	87	9.8
2003	5508	436	946	3804	322	152	9.9
2004	7505	690	1112	5064	638	210	10.6
2005	10206	1163	1464	6503	801	275	11.5
2006	11826	1459	1822	7274	939	331	10.8
2007	13699	1805	2225	7907	1415	347	10.0
2008	16346	2399	2675	9024	1828	420	9.5
2009	19478	3057	2791	11139	1840	651	8.7
2010	21627	3785	2928	11915	2035	964	8.6
2011	23046	4907	3022	11603	2268	1244	7.4
2012	25500	5370	3077	12948	2500	1605	6.8
2013	29009	5213	3821	14726	3039	2210	6.5
2014	31515	4684	3948	17432	3208	2242	6.2
2015	32562	4007	3425	20260	2539	2331	5.8

数据来源：能源工业投资额数据来自国家统计局历年《中国能源统计年鉴》；全社会固定资产投资总额数据来自国家统计局历年《中国统计年鉴》

表 2-2　能源工业分行业投资构成

单位:%

年份 \ 行业	煤炭开采和洗选业	石油和天然气开采业	电力、蒸汽、热水生产和供应业	石油加工及炼焦业	煤气生产和供应业
2000	5.3	19.8	68.8	4.3	1.8
2001	5.8	21.2	64.6	6.3	2.0
2002	7.1	19.1	66.2	5.5	2.0
2003	7.9	17.2	69.1	5.9	2.8
2004	9.2	14.8	67.5	8.5	2.8
2005	11.4	14.3	63.7	7.9	2.7
2006	12.3	15.4	61.5	7.9	2.8
2007	13.2	16.2	57.7	10.3	2.5
2008	14.7	16.4	55.2	11.2	2.6
2009	15.7	14.3	57.2	9.5	3.3
2010	17.5	13.5	55.1	9.4	4.5
2011	21.3	13.1	50.4	9.8	5.4
2012	21.1	12.1	50.8	9.8	6.3
2013	18.0	13.2	50.8	10.5	7.6
2014	14.9	12.5	55.3	10.2	7.1
2015	12.3	10.5	62.2	7.8	7.2

数据来源:国家统计局历年《中国能源统计年鉴》。

表2-3 分地区能源工业投资

单位：亿元

年份地区	2010	2011	2012	2013	2014	2015
北 京	134	141	192	230	258	181
天 津	546	431	447	591	596	591
河 北	882	963	1051	1202	1296	1643
山 西	1521	1919	2113	2098	2313	2582
内蒙古	2093	1903	1827	2331	2887	2133
辽 宁	1191	960	1059	1094	970	701
吉 林	774	616	739	663	758	785
黑龙江	1014	983	1113	991	835	680
上 海	199	145	160	143	165	145
江 苏	479	598	840	908	1019	1455
浙 江	430	529	623	756	881	919
安 徽	527	481	624	606	614	757
福 建	637	630	728	877	946	862
江 西	281	331	298	350	368	464
山 东	972	1133	1275	1559	2047	2332
河 南	773	827	785	868	764	1154
湖 北	512	518	491	511	510	643
湖 南	496	601	607	677	774	733
广 东	966	891	999	1147	1310	1282
广 西	368	421	473	560	560	662
海 南	61	101	124	127	167	127
重 庆	316	343	483	575	680	633
四 川	1050	1315	1427	1429	1574	1603
贵 州	467	704	513	586	584	622
云 南	832	891	1086	1184	1073	1364
西 藏	53	64	90	167	229	154
陕 西	1043	1235	1343	1786	1676	1697
甘 肃	667	638	851	1094	1138	826
青 海	141	232	295	397	429	511
宁 夏	351	414	422	439	606	786
新 疆	988	1233	1491	2101	2603	2998

数据来源：国家统计局《中国能源统计年鉴2016》。

表 2-4　分地区煤炭采选业投资

单位：亿元

地区 ＼ 年份	2010	2011	2012	2013	2014	2015
北　京	2.6	2.7	—	2.4	1.3	0.1
天　津	—	3.7	—	—	—	—
河　北	114.1	135.0	164.2	143.5	127.1	111.9
山　西	929.5	1240.2	1352.2	1158.0	1078.1	1047.0
内蒙古	528.4	588.7	674.4	852.2	863.8	509.0
辽　宁	69.9	62.4	72.3	50.1	50.0	24.8
吉　林	59.9	88.1	97.7	56.3	40.1	45.6
黑龙江	201.1	171.7	207.9	193.2	101.1	96.8
上　海	—	—	—	—	—	—
江　苏	17.5	13.9	17.9	5.6	15.7	3.8
浙　江	—	—	0.2	0.2	0.6	0.1
安　徽	194.0	142.0	206.0	145.9	126.3	110.5
福　建	18.9	43.7	62.2	90.2	75.0	107.8
江　西	37.8	78.6	64.8	49.6	47.7	29.2
山　东	97.2	93.6	79.4	59.9	77.4	75.9
河　南	231.9	296.1	247.6	187.3	145.5	100.0
湖　北	19.3	45.6	45.9	51.2	39.7	32.0
湖　南	146.3	182.1	223.0	241.7	252.5	192.8
广　东	0.5	0.5	—	—	0.6	—
广　西	11.4	21.5	25.2	14.6	12.7	10.1
海　南	—	—	—	—	2.3	—
重　庆	69.9	89.8	92.0	99.3	81.1	67.8
四　川	139.4	252.5	261.1	186.7	174.5	161.4
贵　州	171.8	360.0	229.1	248.9	174.5	257.1
云　南	74.9	106.4	175.8	227.3	167.2	204.9
西　藏	—	—	0.2	0.7	0.0	—
陕　西	316.0	507.1	593.2	582.4	462.1	381.0
甘　肃	77.0	111.9	138.5	168.3	117.1	87.6
青　海	9.4	14.4	23.8	34.3	41.2	33.7
宁　夏	110.7	119.8	143.8	159.3	155.4	72.5
新　疆	135.3	135.3	171.9	203.5	253.9	243.4

数据来源：国家统计局《中国能源统计年鉴 2016》。

表2-5 分地区石油和天然气开采业投资

单位：亿元

地区 \ 年份	2010	2011	2012	2013	2014	2015
北 京	0.1	0.1	−	1.1	0.6	−
天 津	306.4	219.8	172.0	286.6	303.8	261.7
河 北	33.5	36.8	26.8	39.7	40.7	33.6
山 西	21.6	65.7	88.3	111.6	140.6	124.1
内蒙古	196.6	96.5	53.6	141.3	159.1	42.6
辽 宁	145.8	110.4	90.7	131.5	96.0	85.0
吉 林	242.4	160.1	228.4	177.9	253.7	295.1
黑龙江	339.9	350.3	312.6	338.9	307.0	271.8
上 海	0.3	0.6	−	−	−	−
江 苏	27.3	15.0	28.2	32.1	35.9	44.3
浙 江	−	−	−	−	−	−
安 徽	1.6	1.0	0.7	2.0	3.4	0.9
福 建					11.9	−
江 西	−	−	−	−	−	−
山 东	219.1	289.6	283.6	289.1	298.9	307.9
河 南	71.5	59.0	59.5	50.3	42.1	31.5
湖 北	3.6	4.5	0.6	3.2	0.8	1.1
湖 南	0.4	2.1	−	0.3	−	1.1
广 东	12.3	30.9	28.2	89.5	135.5	23.7
广 西	1.8	4.9	0.4	1.9	2.2	4.9
海 南	0.3	11.4	3.0	3.3	5.7	1.4
重 庆	8.9	23.5	12.2	33.0	115.0	138.9
四 川	10.5	−	6.2	13.5	14.4	129.8
贵 州	−	1.1	−	−	−	1.4
云 南	0.8	0.2	−	−	−	−
西 藏						0.3
陕 西	256.0	301.3	299.5	502.8	394.3	473.7
甘 肃	11.7	21.0	75.2	115.7	121.2	67.1
青 海	39.4	34.5	39.9	62.3	59.8	49.3
宁 夏	1.6	1.0	0.9	8.0	4.5	14.3
新 疆	387.9	431.4	440.5	525.3	605.6	543.1

数据来源：国家统计局《中国能源统计年鉴2016》。

表2-6 分地区石油加工及炼焦业投资

单位：亿元

年份\地区	2010	2011	2012	2013	2014	2015
北 京	5.8	6.7	8.7	11.4	4.2	1.0
天 津	51.0	14.5	26.5	34.2	41.0	20.8
河 北	155.3	137.0	215.2	309.0	250.1	170.4
山 西	96.4	98.4	101.8	197.1	170.2	135.1
内蒙古	90.2	158.9	126.1	204.6	228.3	99.8
辽 宁	266.9	189.6	230.8	216.1	179.2	146.1
吉 林	18.3	21.6	30.6	20.6	30.0	17.8
黑龙江	100.7	126.7	105.8	63.8	32.1	24.4
上 海	24.8	26.6	36.9	3.3	7.1	4.5
江 苏	60.6	72.4	117.0	103.3	134.5	160.1
浙 江	21.2	22.4	24.4	47.4	75.8	90.3
安 徽	25.3	68.5	59.7	30.8	30.8	29.4
福 建	168.4	111.3	146.3	173.2	85.0	61.1
江 西	15.2	29.3	26.1	62.4	41.8	16.8
山 东	179.0	201.6	287.3	362.0	529.3	441.7
河 南	74.8	96.3	77.1	69.1	59.2	99.8
湖 北	83.4	129.4	116.1	85.0	54.8	67.0
湖 南	34.6	33.1	19.0	23.1	22.4	30.4
广 东	55.4	75.5	116.7	143.8	218.2	258.7
广 西	63.1	67.7	55.9	85.2	49.2	48.9
海 南	2.1	1.1	29.3	33.7	38.4	30.3
重 庆	8.7	7.4	65.5	70.4	147.8	65.9
四 川	37.8	101.8	43.4	42.6	46.9	48.8
贵 州	21.8	38.1	39.3	30.2	13.8	7.5
云 南	37.4	29.1	29.5	73.3	97.8	83.9
西 藏	-	-	0.2	-	1.2	0.2
陕 西	136.1	158.8	129.9	211.1	184.6	135.5
甘 肃	66.9	48.6	31.0	79.4	61.3	18.8
青 海	5.6	7.0	1.3	3.2	4.8	0.9
宁 夏	21.6	61.0	57.0	38.5	24.8	21.4
新 疆	106.6	128.1	146.1	211.5	344.0	201.2

数据来源：国家统计局《中国能源统计年鉴2016》。

表2-7 分地区煤气生产和供应业投资

单位：亿元

地区 \ 年份	2010	2011	2012	2013	2014	2015
北 京	15.1	17.0	23.9	38.1	21.3	11.3
天 津	15.7	18.1	22.8	44.3	65.4	59.0
河 北	37.0	56.3	87.3	117.1	122.1	221.9
山 西	55.6	51.9	69.3	80.3	95.9	149.9
内蒙古	126.2	194.5	186.3	192.4	178.8	93.9
辽 宁	71.6	99.5	163.6	173.7	97.2	69.5
吉 林	29.6	37.3	37.1	59.5	83.3	67.3
黑龙江	21.2	55.5	59.7	54.2	53.4	34.9
上 海	24.9	12.4	11.9	22.7	12.8	8.1
江 苏	65.2	64.2	57.6	52.3	72.2	75.8
浙 江	17.1	33.3	57.3	66.2	64.8	52.7
安 徽	30.3	29.1	32.4	50.2	48.7	40.3
福 建	23.9	18.7	20.7	47.8	89.6	63.5
江 西	37.5	40.8	43.3	73.8	26.6	48.0
山 东	46.5	61.0	88.7	104.1	125.0	173.1
河 南	55.3	61.5	90.2	118.7	127.9	212.0
湖 北	22.2	29.4	36.9	50.1	69.6	59.6
湖 南	20.8	44.5	43.4	48.5	67.8	75.0
广 东	51.7	49.6	76.0	90.7	89.0	85.5
广 西	10.9	15.3	64.7	111.1	77.1	102.4
海 南	4.3	8.6	11.2	15.2	27.3	13.0
重 庆	36.0	20.7	31.2	83.5	63.8	91.9
四 川	47.3	75.0	71.0	82.8	102.5	151.7
贵 州	4.8	13.1	18.5	21.3	24.8	16.9
云 南	10.4	9.2	17.7	39.0	26.7	42.5
西 藏	0.6	0.8	2.0	43.5	49.3	1.1
陕 西	33.9	33.9	52.4	120.1	147.2	90.6
甘 肃	10.6	19.6	27.7	37.1	43.5	60.4
青 海	3.3	3.4	5.5	10.4	6.7	7.5
宁 夏	9.8	8.0	10.5	21.9	18.4	14.7
新 疆	25.0	62.3	84.2	139.5	142.7	137.4

数据来源：国家统计局《中国能源统计年鉴2016》。

表2-8　分地区电力、蒸汽、热水生产和供应业投资

单位：亿元

地区＼年份	2010	2011	2012	2013	2014	2015
北　京	110	114	160	177	231	169
天　津	173	175	226	226	186	249
河　北	543	598	558	593	756	1105
山　西	418	463	501	551	828	1126
内蒙古	1152	865	786	940	1457	1387
辽　宁	637	498	502	523	547	375
吉　林	424	309	345	348	351	359
黑龙江	351	278	427	341	342	252
上　海	148	105	111	116	145	132
江　苏	308	433	619	714	761	1171
浙　江	391	473	541	642	740	776
安　徽	276	240	325	377	405	576
福　建	426	456	499	566	684	630
江　西	191	182	164	164	252	370
山　东	431	487	536	744	1016	1333
河　南	340	314	310	443	389	711
湖　北	384	310	291	322	345	484
湖　南	294	340	322	363	431	433
广　东	846	735	778	824	867	914
广　西	280	311	327	347	418	496
海　南	54	80	80	75	94	82
重　庆	193	202	282	289	272	269
四　川	815	885	1046	1104	1236	1111
贵　州	269	292	226	285	371	339
云　南	708	747	863	844	781	1033
西　藏	52	63	87	123	179	152
陕　西	301	234	268	370	488	616
甘　肃	501	437	579	693	795	592
青　海	84	173	225	287	317	420
宁　夏	207	224	209	211	403	663
新　疆	333	476	649	1021	1257	1873

数据来源：国家统计局《中国能源统计年鉴2016》。

表2-9 电力工程建设完成投资额

单位：亿元

年份 \ 指标	电力工程	电源	电网
2000	–	642	–
2001	–	593	–
2002	–	677	–
2003	–	1880	–
2004	3285	2048	1237
2005	4754	3228	1526
2006	5288	3195	2093
2007	5677	3226	2451
2008	6302	3407	2895
2009	7702	3803	3898
2010	7417	3969	3448
2011	7614	3927	3687
2012	7393	3732	3661
2013	7728	3872	3856
2014	7805	3686	4119
2015	8694	3936	4640
2016	8855	3429	5426

数据来源：2000－2014年数据来自中国电力企业联合会历年《电力工业统计资料汇编》；2015－2016年数据来自中国电力企业联合会《2016年全国电力工业统计快报》。

表 2-10 分电源完成投资额

单位：亿元

年份 电源	水电	火电	核电	风电	太阳能发电
2002	161	380	136	–	–
2004	554	1437	40	13	–
2005	862	2271	34	45	–
2006	784	2229	94	63	–
2007	859	2005	164	171	–
2008	849	1679	329	527	–
2009	867	1544	584	782	–
2010	819	1426	648	1038	–
2011	971	1133	764	902	155
2012	1239	1002	784	607	99
2013	1223	1016	660	650	323
2014	943	1145	533	915	150
2015	789	1163	565	1200	218
2016	612	1174	506	896	–

数据来源：2002-2014 年数据来自中国电力企业联合会历年《电力工业统计资料汇编》；2015-2016 年数据来自中国电力企业联合会《2016年全国电力工业统计快报》。

表 2 - 11　分电源完成投资结构

单位:%

年份　　电源	水电	火电	核电	风电	太阳能发电
2002	23.8	56.1	20.1	–	–
2004	27.1	70.2	2.0	0.6	–
2005	26.7	70.3	1.0	1.4	–
2006	24.5	69.8	2.9	2.0	–
2007	26.6	62.1	5.1	5.3	–
2008	24.9	49.3	9.7	15.5	–
2009	22.8	40.6	15.4	20.6	–
2010	20.6	35.9	16.3	26.1	–
2011	24.7	28.9	19.5	23.0	3.9
2012	33.2	26.9	21.0	16.3	2.6
2013	31.6	26.2	17.1	16.8	8.3
2014	25.6	31.1	14.5	24.8	4.0
2015	20.1	29.6	14.4	30.5	5.5
2016	19.2	36.8	15.9	28.1	–

数据来源:根据表 2 - 10 数据计算得到。

三、能源资源

（一）煤炭资源

表3-1　煤炭储量

年份＼指标	基础储量（亿吨）	查明资源量（亿吨）	基础储量储采比
2000	-	10071.0	-
2001	-	10063.0	-
2002	3317.6	10033.0	214
2003	3342.0	-	182
2004	3373.4	10022.0	159
2005	3326.4	-	141
2006	3334.8	11597.8	130
2007	3261.3	11804.5	118
2008	3261.4	12464.0	112
2009	3189.6	13096.8	102
2010	2793.9	13408.3	82
2011	2157.9	13778.9	57
2012	2298.9	14208.0	58
2013	2362.9	14842.9	59
2014	2399.9	15317.0	62
2015	2440.1	15663.1	65

注：（1）煤炭基础储量即满足现行采矿和生产所需的指标要求，控制的、探明的，通过可行性研究认为属于经济的、边际经济的部分；（2）煤炭查明资源量为已发现的煤炭资源的总和；（3）煤炭储采比＝年末煤炭基础储量/年原煤产量，表示按照现有生产水平的煤炭储量可使用年份。

数据来源：国家统计局历年《中国统计年鉴》；国家统计局网站 http：//data. stats. gov. cn/；查明资源量数据来自国土资源部历年《中国矿产资源报告》；国土资源部网站 http：//www. mlr. gov. cn/.

表3-2 煤炭探明储量国际比较

地区/国家	无烟煤和烟煤（百万吨）	次烟煤和褐煤（百万吨）	总储量（百万吨）	占比（%）	储采比
世界	403199	488332	891531	100.0	114
OECD	155494	229321	384815	43.2	206
非OECD	247705	259011	506716	56.8	85
美国	108501	128794	237295	26.6	292
俄罗斯	49088	107922	157010	17.6	422
中国	**62200**	**52300**	**114500**	**12.8**	**31**
澳大利亚	37100	39300	76400	8.6	158
印度	56100	4500	60600	6.8	89
欧盟	4883	51199	56082	6.3	112
德国	48	40500	40548	4.5	220
乌克兰	15351	18522	33873	3.8	*
哈斯克斯坦	21500	12100	33600	3.8	316
南非	30156	–	30156	3.4	120
印尼	–	28017	28017	3.1	71
土耳其	322	8380	8702	1.0	192
哥伦比亚	6746	–	6746	0.8	79
巴西	–	6630	6630	0.7	*
加拿大	3474	3108	6582	0.7	108
波兰	4178	1287	5465	0.6	40
希腊	–	3020	3020	0.3	63
保加利亚	2	2364	2366	0.3	66
巴基斯坦	–	2070	2070	0.2	*
乌兹别克斯坦	47	1853	1900	0.2	481
匈牙利	13	1647	1660	0.2	180
泰国	–	1239	1239	0.1	82
墨西哥	860	351	1211	0.1	84
捷克	181	871	1052	0.1	23
新西兰	33	538	571	0.1	168
西班牙	200	330	530	0.1	173

注：（1）本表数据为2015年底数据；（2）煤炭的"探明储量"是指通过地质与工程信息以合理的确定性表明，在现有的经济与作业条件下，将来可从已知储层采出的煤炭储量，即基础储量中的剩余可采储量；（3）储采比表明尚存的可采储量，如按照当前实际或计划开采水平开采，尚可开采多少年。＊表示超过500年。

数据来源：BP Statistical Review of World Energy 2016.

表 3-3 分地区煤炭基础储量

单位：亿吨

年份 \ 地区	2010	2011	2012	2013	2014	2015	2015 占比（%）
北　京	3.8	3.8	3.7	3.8	3.8	3.9	0.16
天　津	3.0	3.0	3.0	3.0	3.0	3.0	0.12
河　北	60.6	38.4	39.5	39.4	41.0	42.5	1.74
山　西	844	834.6	908.4	906.8	920.9	921.3	37.75
内蒙古	769.9	368.9	401.7	460.1	490.0	492.8	20.19
辽　宁	46.6	31.0	31.9	28.3	27.6	26.8	1.10
吉　林	12.4	9.5	9.8	10.0	9.7	9.8	0.40
黑龙江	68.2	61.8	61.6	61.4	62.1	61.6	2.52
江　苏	14.2	10.8	10.8	10.9	10.7	10.5	0.43
浙　江	0.5	0.4	0.4	0.4	0.4	0.4	0.02
安　徽	81.9	79.9	80.4	85.2	84.0	84.0	3.44
福　建	4.1	4.3	4.4	4.3	4.2	4.1	0.17
江　西	6.7	4.3	4.1	4.0	3.4	3.4	0.14
山　东	77.6	74.1	79.7	78.8	77.2	77.6	3.18
河　南	113.5	97.5	99.1	89.6	86.5	86.0	3.52
湖　北	3.3	3.3	3.3	3.2	3.2	3.2	0.13
湖　南	18.8	13.3	6.6	6.6	6.7	6.6	0.27
广　东	1.9	0.2	0.2	0.2	0.2	0.2	0.01
广　西	7.7	2.0	2.1	2.3	2.3	0.9	0.04
海　南	0.9	1.2	1.2	1.2	1.2	1.2	0.05
重　庆	22.5	18.6	19.9	19.9	18.0	17.6	0.72
四　川	54.4	51.8	54.5	55.7	54.1	53.8	2.20
贵　州	118.5	58.7	69.4	83.3	94.0	101.7	4.17
云　南	62.5	59.7	59.1	60.1	59.5	59.6	2.44
西　藏	0.1	0.1	0.1	0.1	0.1	0.1	0.00
陕　西	119.9	107.6	109	104.4	95.5	126.6	5.19
甘　肃	58.1	23.5	34.1	32.7	32.9	32.5	1.33
青　海	16.2	16.1	16.0	12.2	11.8	12.5	0.51
宁　夏	54.0	31.3	32.3	38.5	38.0	37.4	1.53
新　疆	148.3	148.4	152.5	156.5	158.0	158.7	6.50

数据来源：国家统计局历年《中国统计年鉴》。

（二）石油资源

表3-4 分地区原油探明储量

单位：亿吨

地区	累计探明地质储量			剩余技术可采储量	剩余经济可采储量
	合计	已开发	未开发		
全　国	356.20	272.52	83.68	33.48	25.20
天　津	4.31	3.35	0.96	0.28	0.16
河　北	25.48	17.70	7.78	2.66	2.26
内蒙古	6.24	4.22	2.01	0.84	0.59
辽　宁	23.15	19.18	3.97	1.57	0.95
吉　林	15.76	10.27	5.49	1.81	1.34
黑龙江	61.55	53.77	7.78	4.54	3.72
江　苏	3.20	2.63	0.57	0.30	0.19
安　徽	0.27	0.18	0.09	0.03	0.02
山　东	53.90	46.84	7.05	3.25	1.96
河　南	8.15	7.16	0.99	0.49	0.23
湖　北	1.62	1.33	0.29	0.13	0.06
广　东	0.01	0.01	0.00	0.00	0.00
广　西	0.17	0.11	0.06	0.01	0.00
海　南	0.14	0.13	0.02	0.03	0.03
四　川	0.82	0.82	0.00	0.00	-0.01
云　南	0.00	0.00	0.00	0.00	0.00
陕　西	34.57	27.88	6.68	3.63	2.69
甘　肃	16.13	10.80	5.33	2.19	1.59
青　海	5.70	4.25	1.45	0.75	0.44
宁　夏	1.69	1.36	0.33	0.22	0.18
新　疆	50.65	33.74	16.92	5.32	3.85
渤　海	31.21	18.31	12.90	4.23	3.85
东　海	0.27	0.09	0.19	0.05	0.05
南　海	11.22	8.40	2.81	1.17	1.04

注：本表数据为2014年数据；原油不含凝析油。

数据来源：国土资源部《2014年全国油气矿产储量通报》。

表 3 – 5　分公司原油探明储量

单位：亿吨

储量 公司	累计探明地质储量			剩余技术 可采储量	剩余经济 可采储量
	合计	已开发	未开发		
全　国	356.20	272.52	83.68	33.48	25.20
中国石油	216.85	167.21	49.63	21.16	16.04
中国石化	85.81	69.57	16.24	6.14	3.80
中国海油	42.61	26.71	15.90	5.45	4.94
地　方	11.12	9.03	2.09	0.77	0.47

注：本表数据为 2014 年数据，原油不包括凝析油。

数据来源：国土资源部《2014 年全国油气矿产储量通报》。

表3-6　原油剩余可采储量

年份 储量	剩余技术可采储量（亿吨）	剩余技术储采比	剩余经济可采储量（亿吨）	剩余经济储采比
2002	24.25	14.5	–	–
2003	24.32	14.3	–	–
2004	24.91	14.2	–	–
2005	24.90	13.7	–	–
2006	27.59	14.9	22.00	11.9
2007	28.33	15.2	21.00	11.3
2008	28.90	15.2	21.29	11.2
2009	29.49	15.6	21.64	11.4
2010	31.74	15.6	23.60	11.6
2011	32.40	16.0	24.30	12.0
2012	33.33	16.1	25.20	12.1
2013	33.67	16.0	25.52	12.2
2014	34.33	16.2	25.20	11.9
2015	–	–	25.69	11.9

注：除2014年剩余经济可采储量不包含凝析油储量外，其余储量均包含凝析油储量；储采比＝储量/产量。

数据来源：剩余技术可采储量数据来自国家统计局网站 http：//data. stats. gov. cn/；剩余经济可采储量数据来自国土资源部历年《全国油气矿产储量通报》或《全国矿产资源储量通报》。2015年数据来自国土资源部《2015年全国石油天然气资源勘查开采情况通报》。

表3-7 原油剩余经济可采储量国际比较

单位：亿桶

年份 国家/地区	2010	2011	2012	2013	2014	2015	2015 占比 （%）	2015 储采比
世界	16365	16753	16883	16955	17000	16976	100.0	50.7
OPEC	11633	11975	12046	12091	12111	12116	71.4	86.8
非OPEC	4732	4778	4837	4865	4889	4860	28.6	24.9
委内瑞拉	2965	2976	2977	2983	3000	3009	17.7	313.9
沙特	2645	2654	2659	2659	2670	2666	15.7	60.8
加拿大	1748	1742	1737	1730	1722	1722	10.1	107.6
伊朗	1512	1546	1573	1578	1578	1578	9.3	110.3
伊拉克	1150	1431	1403	1442	1431	1431	8.4	97.2
俄罗斯	1058	1057	1055	1050	1032	1024	6.0	25.5
科威特	1015	1015	1015	1015	1015	1015	6.0	89.8
阿联酋	978	978	978	978	978	978	5.8	68.7
美国	350	398	442	485	550	550	3.2	11.9
利比亚	471	480	485	484	484	484	2.8	306.8
尼日利亚	372	372	371	371	371	371	2.2	43.2
哈萨克斯坦	300	300	300	300	300	300	1.8	49.3
卡塔尔	247	239	252	251	257	257	1.5	37.1
中国	173	178	181	185	185	185	1.1	11.7
巴西	142	150	153	156	162	130	0.8	14.1

注：原油包括常规原油、致密油、油砂与天然气液，不包括转化衍生液体燃料，如：生物质油、煤制油、气制油。

数据来源：BP Statistical Review of World Energy 2016.

表3-8　分地区原油剩余可采储量

地区 \ 指标	剩余技术可采储量（万吨）	剩余技术储采比	剩余经济可采储量（万吨）	剩余经济储采比
全　国	334786	15.8	251988	11.9
天　津	2757	0.9	1615	0.5
河　北	26573	44.9	22589	38.1
内蒙古	8354	388.9	5925	275.8
辽　宁	15730	15.4	9499	9.3
吉　林	18122	27.3	13360	20.1
黑龙江	45374	11.3	37242	9.3
江　苏	2964	516.3	1941	338.2
安　徽	253	1.2	154	0.7
山　东	32514	12.0	19624	7.2
河　南	4858	10.3	2336	5.0
湖　北	1285	16.3	570	7.2
广　东	14	0.0	13	0.0
广　西	132	2.2	16	0.3
海　南	296	10.4	260	9.1
四　川	9	0.5	-50	-2.6
云　南	12	-	12	-
陕　西	36301	9.6	26875	7.1
甘　肃	21878	307.3	15899	223.3
青　海	7522	34.2	4417	20.1
宁　夏	2181	274.6	1770	223.0
新　疆	53184	18.5	38526	13.4
渤　海	42288	-	38532	-
东　海	504	-	498	-
南　海	11681	-	10365	-

注：本表数据为2014年数据；原油不包括凝析油；储采比＝储量/产量。

数据来源：国土资源部《2014年全国油气矿产储量通报》。

（三）天然气资源

表 3 - 9　天然气剩余可采储量

年份＼指标	剩余技术可采储量（万亿立方米）	剩余技术储采比	剩余经济可采储量（万亿立方米）	剩余经济储采比
2002	2.0	61.8	-	-
2003	2.2	63.7	-	-
2004	2.5	61.0	-	-
2005	2.8	57.1	-	-
2006	3.0	51.3	2.5	42.7
2007	3.2	46.4	-	-
2008	3.4	42.4	2.7	33.6
2009	3.7	43.5	2.9	34.0
2010	3.8	39.8	2.7	28.5
2011	4.0	39.2	2.9	28.2
2012	4.4	40.8	3.1	28.9
2013	4.6	38.4	3.4	29.0
2014	4.9	38.0	-	-
2015	5.2	38.6	3.78	30.4

注：储采比 = 储量/产量。

数据来源：剩余技术可采储量数据来自国家统计局网站 http：//data.stats.gov.cn/；2002 - 2014 年剩余经济可采储量数据来自国土资源部历年《全国油气矿产储量通报》或《全国矿产资源储量通报》；2015 年剩余经济可采储量数据来自国土资源部《2015 年全国石油天然气资源勘查开采情况通报》。

表 3-10　天然气剩余经济可采储量国际比较

单位：万亿立方米

年份 国家/地区	2010	2011	2012	2013	2014	2015	2015 占比 （%）
世界	176.2	185.4	184.3	185.8	187.0	186.9	100.0
OECD	18.5	19.2	18.3	19.1	19.7	19.6	10.5
非 OECD	157.7	166.1	166.0	166.7	167.3	167.3	89.5
伊朗	33.1	33.6	33.8	34.0	34.0	34.0	18.2
俄罗斯	31.5	31.8	32.0	32.3	32.4	32.3	17.3
卡塔尔	25.0	25.0	24.9	24.7	24.5	24.5	13.1
土库曼斯坦	10.2	17.5	17.5	17.5	17.5	17.5	9.4
美国	8.6	9.5	8.7	9.6	10.4	10.4	5.6
沙特	7.9	8.0	8.1	8.2	8.3	8.3	4.5
阿联酋	6.1	6.1	6.1	6.1	6.1	6.1	3.3
委内瑞拉	5.5	5.5	5.6	5.6	5.6	5.6	3.0
尼日利亚	5.1	5.2	5.1	5.1	5.1	5.1	2.7
阿尔及利亚	4.5	4.5	4.5	4.5	4.5	4.5	2.4
中国	2.8	3.0	3.2	3.5	3.7	3.8	2.1
伊拉克	3.2	3.6	3.6	3.6	3.7	3.7	2.0
澳大利亚	3.5	3.5	3.5	3.5	3.5	3.5	1.9
印尼	3.0	3.0	2.9	2.9	2.8	2.8	1.5
加拿大	2.0	1.9	2.0	2.0	2.0	2.0	1.1
挪威	2.0	2.1	2.1	2.0	1.9	1.9	1.0
埃及	2.2	2.2	2.0	1.8	1.8	1.8	1.0
科威特	1.8	1.8	1.8	1.8	1.8	1.8	1.0

数据来源：BP Statistical Review of World Energy 2016.

表3-11　分地区气层气探明储量

单位：亿立方米

指标 地区	累计探明地质储量			剩余技术 可采储量	剩余经济 可采储量
	合计	已开发	未开发		
全　国	104516	57835	46592	47221	35074
天　津	641	321	320	229	36
河　北	374	299	75	121	57
内蒙古	157	0	157	76	44
辽　宁	18024	13018	4916	8076	4990
吉　林	723	673	51	44	30
黑龙江	1702	948	753	621	405
江　苏	2627	812	1815	1141	733
安　徽	30	18	12	14	11
山　东	584	428	157	110	16
河　南	458	378	80	28	-1
湖　北	0	0	0	0	0
广　东	7	7	0	1	0
广　西	50	50	0	0	-4
海　南	6461	3687	2774	2457	1697
四　川	25709	10394	15315	11716	8690
云　南	9	9	0	1	1
陕　西	45	45	0	6	3
甘　肃	16192	10532	5660	7754	5694
青　海	0	0	0	0	0
宁　夏	3611	3095	516	1436	1197
新　疆	552	2	550	253	140
渤　海	18427	10332	8095	9336	7855
东　海	663	483	180	265	209
南　海	2118	178	1939	1090	1027

注：本表数据为2014年数据。

数据来源：国土资源部《2014年全国油气矿产储量通报》。

表 3 - 12 分公司气层气探明储量

单位:亿立方米

储量 公司	累计探明地质储量			剩余技术可采储量	剩余经济可采储量
	合计	已开发	未开发		
全 国	104516	57925	46592	47221	35074
中国石油	74897	44722	30176	34339	25411
中国石化	21877	9679	12198	9346	6572
中国海油	7984	2647	5337	3760	3445
地 方	1715	917	799	810	623

注:本表数据为 2014 年数据;原油不包括凝析油。

数据来源:国土资源部《2014 年全国油气矿产储量通报》。

表3-13　分地区煤层气探明储量

单位：亿立方米

指标 地区	累计探明地质储量			剩余技术 可采储量	剩余经济 可采储量
	合计	已开发	未开发		
全　国	6266	1020	5247	3079	2523
按所属行政区划分					
辽　宁	59	52	7	21	14
山　西	5704	967	4736	2814	2315
安　徽	32	0	32	16	15
陕　西	472	0	472	229	179
按所属盆地划分					
渤海湾盆地	52	52	0	18	12
阜新盆地	7	0	7	3	2
鄂尔多斯盆地	1490	131	1359	741	609
沁水盆地	4686	837	3849	2302	1885
南华北盆地	32	0	32	16	15

注：本表数据为2014年数据。

数据来源：国土资源部《2014年全国油气矿产储量通报》。

表 3 - 14 分公司煤层气探明储量

单位:亿立方米

储量 公司	累计探明地质储量			剩余技术 可采储量	剩余经济 可采储量
	合计	已开发	未开发		
全 国	6266	1020	5247	3079	2523
中国石油	3868	301	3567	1899	1555
中国石化	208	131	77	105	89
中国海油	1698	344	1354	866	774
地 方	493	243	249	210	106

注:本表数据为 2014 年数据;原油不包括凝析油。

数据来源:国土资源部《2014 年全国油气矿产储量通报》。

（四）非化石能源资源

表3－15　全国及分流域水力资源量

流域＼指标	理论蕴藏量		技术可开发量		经济可开发量	
	平均功率（万千瓦）	年发电量（亿千瓦时）	装机容量（万千瓦）	年发电量（亿千瓦时）	装机容量（万千瓦）	年发电量（亿千瓦时）
全国	69440	60829	54164	24740	40180	17534
长江流域	27781	24336	25627	11879	22832	10498
黄河流域	4331	3794	3734	1361	3165	1111
珠江流域	3224	2824	3129	1354	3002	1298
海河流域	283	248	203	48	151	35
淮河流域	112	98	66	19	56	16
东北诸河	1661	1455	1682	465	1573	434
东南沿海诸河	2028	1776	1907	593	1865	581
西南国际诸河	9852	8630	7501	3732	5559	2684
雅鲁藏布江及西藏其他河流	16021	14035	8466	4483	259	120
北方内陆及新疆诸河	4148	3634	1847	806	1717	756

注：数据统计范围为理论蕴藏量10兆瓦及以上的3886条河流。

数据来源：国家发展改革委《中国水力资源复查成果2003》。

表 3-16　水力资源量国际比较

国家/地区	技术可开发资源 （亿千瓦时/年）	排序	经济可开发资源 （亿千瓦时/年）	排序
世界	156000	–	88300	–
中国	**24740**	**1**	**17530**	**1**
俄罗斯	16700	2	8520	2
美国	13390	3	3760	6
巴西	12500	4	8176	3
加拿大	8270	5	5360	4
刚果（金）	7840	6	1450	9
印度	6600	7	4420	5
印尼	4020	8	400	17
委内瑞拉	2610	9	1000	11
挪威	2400	10	2060	7
土耳其	2160	11	1700	8
哥伦比亚	2000	12	1400	10
阿根廷	1690	13	780	14
日本	1365	14	910	12
瑞典	1300	15	900	13
法国	1000	16	700	15
奥地利	750	17	561	16
波兰	120	18	50	18

数据来源：World Energy Council, 2013 Survey of Energy Resources.

表 3-17 分地区水力资源量

地区 \ 指标	理论蕴藏量		技术可开发量		经济可开发量	
	平均功率（万千瓦）	年发电量（亿千瓦时）	装机容量（万千瓦）	年发电量（亿千瓦时）	装机容量（万千瓦）	年发电量（亿千瓦时）
京津冀	199	227	175	37	125	25
山　西	494	563	402	121	397	119
内蒙古	509	581	262	73	257	72
辽　宁	178	203	177	60	173	59
吉　林	301	344	512	118	504	115
黑龙江	664	758	816	238	723	212
上海江苏	152	174	6	2	2	1
浙　江	538	614	664	161	661	161
安　徽	274	312	107	30	100	27
福　建	941	1074	998	353	970	345
江　西	426	486	516	171	416	138
山　东	102	117	6	2	5	1
河　南	412	471	288	97	273	91
湖　北	1507	1721	3554	1386	3536	1380
湖　南	1163	1327	1202	486	1135	458
广　东	532	607	540	198	488	178
海　南	74	84	76	21	71	20
广　西	1545	1764	1891	809	1858	795
四　川	12572	14352	12004	6122	10327	5233
重　庆	2012	2296	981	446	820	378
贵　州	1584	1809	1949	778	1898	752
云　南	9144	10439	10194	4919	9795	4713
西　藏	17639	20136	11000	5760	835	376
陕　西	1119	1277	662	222	650	217
甘　肃	1304	1489	1063	444	901	370
青　海	1916	2187	2314	913	1548	555
宁　夏	184	210	146	59	146	59
新　疆	3344	3818	1656	713	1567	683
全　国	69440	60829	54164	24740	40180	17534

数据来源：国家发展改革委《中国水力资源复查成果 2003》。

表 3-18　风能资源潜在开发量

陆地风能

指标 离地面高度（米）	潜在开发量 （亿千瓦）	技术开发量 （亿千瓦）	技术开发面积 （万平方公里）
50	25.6	20.5	56.6
70	30.5	25.7	70.5
100	39.2	33.7	94.8

近海风能

指标 风能资源区划等级	4级及以上 风功率密度 ≥400W/m³ （亿千瓦）	3级及以上 风功率密度 ≥400W/m³ （亿千瓦）	3级及以上风能 资源中3级所占 比例（%）
离岸50km以内	2.3	3.8	0.4
离岸20km以内	0.7	1.4	0.5
近海水深5-25m	0.9	1.9	0.5

注：潜在开发量是在风功率密度达到 300W/m3 的区域内，考虑制约风电开发的主要自然地理和国家基本政策等因素后，计算出的风能资源储量；技术开发量是装机容量超过 1500kW/平方公里区域的潜在开发量综合；技术开发面积是装机容量超过 1500kW/平方公里区域面积的综合。

数据来源：国家气象局、国家发展改革委、国家财政部、国家能源局《关于全国风能资源详查和评价工作情况的报告》；水规院《风电接入电网和市场消纳研究总报告》。

表3-19　全国及分地区陆地70米高度风能资源量

地区 \ 指标	潜在开发量（万千瓦）	技术开发量（万千瓦）	技术开发面积（平方公里）
全　国	305372	256590	704746
北　京	135	50	139
天　津	56	56	133
河　北	8651	4188	11870
山　西	3791	1598	5032
内蒙古	163126	145967	394919
辽　宁	7824	5981	20409
吉　林	7985	6284	22675
黑龙江	13415	9651	29580
上　海	51	51	133
江　苏	373	370	926
浙　江	353	209	642
安　徽	104	77	212
福　建	1222	955	2664
江　西	541	310	876
山　东	4028	3018	8472
河　南	916	389	1226
湖　北	243	126	396
湖　南	276	113	331
广　东	2216	1367	4249
广　西	1522	692	2151
海　南	276	206	638
重　庆	434	138	446
四　川	1248	340	1040
贵　州	1372	456	1705
云　南	4972	2066	6273
西　藏	99	65	188
陕　西	1970	1115	3302
甘　肃	26446	23634	61342
青　海	2407	2008	6585
宁　夏	1777	1555	4417
新　疆	47543	43555	111775

数据来源：国家气象局、国家发展改革委、国家财政部、国家能源局《关于全国风能资源详查和评价工作情况的报告》。

表 3 −20　太阳能资源

太阳能	年辐射量	年地表吸收热能	年可利用量
		17000 亿吨标准煤	22 亿 kW

注：太阳能年可利用量按照 20% 的屋顶面积、2% 的戈壁和荒漠地区面积安装太阳能发电设备估算。

数据来源：国家能源局发展规划司、国家电网公司发展策划部、国网能源研究院《能源数据手册 2015》。

四、能源设施

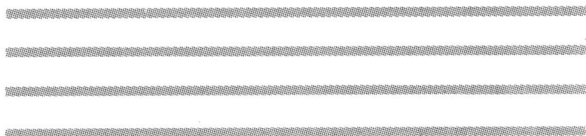

（一）煤炭设施

表4-1 原煤开采新增生产能力

单位：万吨/年

年份 \ 指标	原煤开采建设规模	原煤开采施工规模	原煤开采新开工规模	原煤开采新增生产能力
2001	-	-	-	2720
2002	-	-	-	3419
2003	-	26156	17962	7443
2004	-	-	-	15441
2005	-	75656	41029	18377
2006	-	95265	39402	22648
2007	-	109746	43304	26984
2008	102845	89493	33978	23059
2009	119584	101008	48249	32006
2010	179019	137744	57410	38706
2011	170473	131377	60740	41281
2012	202423	151118	65209	39852
2013	184376	140354	44238	39915
2014	161485	104523	34766	29545
2015	125260	84287	25306	22642

数据来源：2001-2014 年数据来自国家统计局网站 http：//data. stats. gov. cn/；2015 年数据来自国家统计局《中国统计年鉴2016》。

表4-2 焦炭新增生产能力

单位：万吨/年

指标 年份	焦炭生产 建设规模	焦炭生产 施工规模	焦炭生产 新开工规模	焦炭生产 新增 生产能力
2001	–	–	–	1014
2002	–	–	–	1169
2003	–	11091	9674	4092
2004	–	–	–	9284
2005	–	18481	10099	7337
2006	–	13060	5790	5113
2007	–	13359	7453	4554
2008	19112	17169	10249	4203
2009	21959	18462	9077	6327
2010	25014	20435	11182	7729
2011	23010	18661	9318	7078
2012	22369	17968	7126	6125
2013	21741	16980	7300	6692
2014	14968	12039	4816	4996
2015	9909	7311	2192	2622

数据来源：2001－2014 年数据来自国家统计局网站 http：//data. stats. gov. cn/；2015 年数据来自国家统计局《中国统计年鉴2016》。

表4-3 分地区煤炭矿区数

单位：个

地区 \ 年份	2008	2009	2012	2013	2014	2014 占比（%）
全 国	8672	8932	7588	7609	7703	100.0
北 京	34	34	29	29	29	0.4
天 津	2	2	2	2	2	0.0
河 北	242	246	147	149	149	1.9
山 西	656	656	608	613	617	8.0
内蒙古	491	512	408	413	410	5.3
辽 宁	481	486	275	277	277	3.6
吉 林	472	450	384	368	370	4.8
黑龙江	228	234	227	233	230	3.0
江 苏	126	127	96	96	96	1.2
浙 江	68	68	56	56	56	0.7
安 徽	217	220	213	217	217	2.8
福 建	251	245	208	206	207	2.7
江 西	483	479	165	167	167	2.2
山 东	301	301	183	186	188	2.4
河 南	297	300	257	230	252	3.3
湖 北	277	282	285	286	288	3.7
湖 南	619	620	336	340	341	4.4
广 东	188	188	170	170	170	2.2
广 西	176	179	135	137	141	1.8
海 南	8	8	3	2	3	0.0
重 庆	214	223	340	324	326	4.2
四 川	574	614	621	599	599	7.8
贵 州	839	959	780	794	805	10.5
云 南	374	390	455	476	485	6.3
西 藏	23	23	23	23	24	0.3
陕 西	210	219	224	229	237	3.1
甘 肃	213	221	206	208	209	2.7
青 海	85	89	95	108	116	1.5
宁 夏	90	92	125	122	122	1.6
新 疆	433	465	532	549	570	7.4

数据来源：国土资源部历年《全国矿产资源储量通报》。

（二）石油设施

表4-4 原油开采新增生产能力

单位：万吨/年

指标 年份	建设规模	施工规模	新开工 规模	累计新增 生产能力	新增 生产能力
2001	–	–	–	–	1931
2002	–	–	–	–	2541
2003	–	2218	1891	–	1716
2004	–	–	–	–	2468
2005	–	2628	2354	–	2388
2006	–	2137	1971	–	1602
2007	–	3697	2518	–	1956
2008	2676	2199	1866	1978	1765
2009	3259	2803	1415	2930	2559
2010	5904	4062	3635	4412	3553
2011	47719	4168	2865	3815	3490
2012	3927	3144	2800	3178	2494
2013	4875	3087	2791	4004	2731
2014	3663	2994	2779	3256	2717
2015	4737	4689	4088	4293	3666

数据来源：国家统计局网站 http：//data. stats. gov. cn/.

表4-5 分公司炼油能力及结构

年份	指标 能力/占比	中国石化	中国石油	中国海油	其他炼油企业	煤基油品企业	外资企业	全国
2010	能力（万吨/年）	23670	15430	2500	8800	—	—	50400
	占比（%）	47.0	30.6	5.0	17.5	—	—	100.0
2011	能力（万吨/年）	24720	16930	2700	9600	—	—	53950
	占比（%）	45.8	31.4	5.0	17.8	—	—	100.0
2012	能力（万吨/年）	25660	16900	3050	13810	—	—	59420
	占比（%）	43.2	28.4	5.1	23.2	—	—	100.0
2013	能力（万吨/年）	26220	18170	3450	18140	270	—	66250
	占比（%）	39.6	27.4	5.2	27.4	0.4	—	100.0
2014	能力（万吨/年）	26370	18870	3450	22323	220	824	72057
	占比（%）	36.6	26.2	4.8	31.0	0.3	1.1	100.0
2015	能力（万吨/年）	26020	18850	4005	25287	380	824	75366
	占比（%）	34.5	25.0	5.3	33.6	0.5	1.1	100.0
2016	能力（万吨/年）	26020	18850	3850	24766	1080	824	75390
	占比（%）	34.5	25.0	5.1	32.9	1.4	1.1	100.0

数据来源：中石油经济技术研究院历年《国内外油气行业发展报告》。

表 4－6 炼油能力国际比较

年份 国家/地区	2010	2011	2012	2013	2014	2015	2015 占比 （％）
世界	45.48	45.87	46.50	47.34	48.19	48.41	100.0
OECD	22.44	22.39	22.37	22.07	21.87	21.97	45.4
非 OECD	23.04	23.48	24.13	25.27	26.32	26.44	54.6
美国	8.83	8.63	8.90	8.93	8.91	9.12	18.8
中国	**5.13**	**5.40**	**5.96**	**6.63**	**7.03**	**7.10**	**14.7**
欧盟	7.61	7.57	7.31	7.09	7.04	7.03	14.5
俄罗斯	2.78	2.85	2.91	3.11	3.16	3.20	6.6
印度	1.84	1.89	2.14	2.15	2.15	2.14	4.4
日本	2.14	2.13	2.12	2.05	1.87	1.85	3.8
韩国	1.38	1.43	1.44	1.43	1.55	1.55	3.2
沙特	1.05	1.05	1.05	1.25	1.44	1.44	3.0
巴西	0.99	1.00	1.00	1.04	1.11	1.13	2.3
德国	1.04	1.03	1.05	1.03	1.03	1.01	2.1
伊朗	0.93	0.93	0.97	0.99	0.99	0.99	2.0
加拿大	0.95	1.02	1.02	0.98	0.98	0.98	2.0
意大利	1.19	1.13	1.06	0.93	0.95	0.95	2.0
墨西哥	0.73	0.80	0.80	0.80	0.80	0.80	1.6
西班牙	0.71	0.77	0.77	0.77	0.77	0.77	1.6
新加坡	0.71	0.71	0.71	0.70	0.75	0.75	1.6
法国	0.85	0.80	0.76	0.68	0.68	0.68	1.4
英国	0.88	0.89	0.76	0.75	0.67	0.67	1.4
委内瑞拉	0.65	0.65	0.65	0.65	0.65	0.65	1.3
荷兰	0.63	0.64	0.64	0.63	0.63	0.64	1.3
泰国	0.61	0.61	0.61	0.62	0.62	0.62	1.3
阿联酋	^	^	^	^	0.57	0.57	1.2
印尼	0.57	0.52	0.52	0.54	0.53	0.56	1.2
中国台湾	0.60	0.60	0.60	0.60	0.60	^	1.0
科威特	^	^	^	^	^	^	1.0
伊拉克	^	^	^	^	0.54	^	1.0

注：每吨按 7.33 桶折算；^ 表示数值小于 0.5。

数据来源：根据表 4－7 数据计算得到。

表 4 - 7　日均炼油能力国际比较

单位：万桶/日

年份 国家/地区	2010	2011	2012	2013	2014	2015	2015 占比 （%）
世界	9134	9211	9313	9506	9677	9723	100
OECD	4507	4496	4481	4431	4391	4412	45.4
非 OECD	4627	4715	4832	5075	5286	5311	54.6
美国	1774	1732	1782	1792	1779	1832	18.8
中国	**1030**	**1083**	**1193**	**1330**	**1411**	**1426**	**14.7**
欧盟	1528	1520	1464	1425	1413	1412	14.5
俄罗斯	557	573	584	625	635	643	6.6
印度	370	379	428	432	432	431	4.4
日本	429	427	425	412	375	372	3.8
韩国	277	286	288	288	311	311	3.2
沙特	211	211	211	251	290	290	3.0
巴西	199	201	200	209	223	228	2.3
德国	209	208	210	206	208	203	2.1
伊朗	186	186	195	199	199	199	2.0
加拿大	191	204	205	196	196	197	2.0
意大利	240	228	211	188	192	192	2.0
墨西哥	146	161	161	161	160	160	1.6
西班牙	142	142	155	155	155	155	1.6
新加坡	143	143	142	141	151	151	1.6
法国	170	161	151	137	137	137	1.4
英国	176	179	153	150	134	134	1.4
委内瑞拉	130	130	130	130	130	130	1.3
荷兰	127	128	127	127	127	129	1.3
泰国	123	123	123	124	125	125	1.3
阿联酋	70	71	71	71	114	114	1.2
印尼	114	104	104	108	106	112	1.1
中国台湾	120	120	120	120	120	99	1.0
科威特	94	94	94	94	94	94	1.0
伊拉克	86	92	95	99	109	93	1.0

数据来源：BP Statistical Review of World Energy 2016.

表4-8　分地区炼油能力及结构

年份	指标	华北	东北	华南	华东	西北	华中	西南	合计
2010	能力（万吨/年）	14150	10300	8680	7030	7500	3540	100	51300
	占比（%）	27.6	20.1	16.9	13.7	14.6	6.9	0.2	100.0
2011	能力（万吨/年）	14600	11000	9130	7680	7800	3540	200	53950
	占比（%）	27.1	20.4	16.9	14.2	14.5	6.6	0.4	100.0
2012	能力（万吨/年）	17150	11850	10030	8130	8220	3840	200	59420
	占比（%）	28.9	19.9	16.9	13.7	13.8	6.5	0.3	100.0
2013	能力（万吨/年）	21860	12210	9900	9690	7950	4440	200	66250
	占比（%）	33.0	18.4	14.9	14.6	12.0	6.7	0.3	100.0
2014	能力（万吨/年）	22960	12210	11300	10140	7950	4440	1200	70200
	占比（%）	32.7	17.4	16.1	14.4	11.3	6.3	1.7	100.0
2015	能力（万吨/年）	24300	11300	11700	23720	71020			
	占比（%）	34.2	15.9	16.5	33.4	100.0			
2016	能力（万吨/年）	27000	12400	11400	10100	15225	76125		
	占比（%）	36.0	16.0	15.0	13.0	20.0	100.0		

注:华北指京、津、冀、晋、豫、鲁;东北指辽、吉、黑、蒙;华南指粤、闽、琼、桂;华东指沪、浙、苏;西北指新、甘、青、陕、宁;华中指湘、皖、赣、鄂;西南指滇、川、渝、贵;2016年全国合计值占比根据华北、东北、华南、华东四地区合计值与合计值占比计算得到;2016年西北、华中、华东三地区合计值及占比根据全国合计值其他地区数值计算得到。

数据来源:中石油经济技术研究院历年《国内外油气行业发展报告》。

表4-9　油气管道里程

指标 年份	绝对额 （万公里）	增速 （%）
2000	2.47	-0.8
2001	2.76	11.7
2002	2.98	8.0
2003	3.26	9.4
2004	3.82	17.2
2005	4.4	15.2
2006	4.81	9.3
2007	5.45	13.3
2008	5.83	7.0
2009	6.91	18.5
2010	7.85	13.6
2011	8.33	6.1
2012	9.16	10.0
2013	9.85	7.5
2014	10.57	7.3
2015	10.87	2.8

数据来源：国家统计局网站 http：//data. stats. gov. cn/.

表 4-10　建成石油储备能力

储备基地/库容		总储备能力	战略储备能力	商业储备能力
储备基地	（个）	34	8	26
	（亿桶）	5.02	2.35	2.67
储备库容	（万立方米）	7987	3737	4250
	（万吨）	6847	3200	3647

注：本表储备基地个数为截至 2015 年底数据；储备库容为 2016 年初数据；1 桶按 0.159 立方米折算；每吨按 7.33 桶折算；总储备能力 = 战略储备能力 + 商业储备能力。

数据来源：根据中石油经济技术研究院《2015 年国内外油气行业发展报告》《2016 年国内外油气行业发展报告》相关数据计算得到。

（三）天然气设施

表4-11 天然气开采新增生产能力

单位：亿立方米/年

年份＼指标	建设规模	施工规模	新开工规模	累计新增生产能力	新增生产能力
2001	–	–	–	–	18
2002	–	–	–	–	164
2003	–	54	54	–	54
2004	–	–	–	–	114
2005	–	153	153	–	129
2006	–	120	107	–	76
2007	–	289	237	–	113
2008	144	139	72	62	61
2009	46	30	24	25	20
2010	664	587	477	208	189
2011	507	464	386	368	315
2012	459	362	275	322	274
2013	617	280	142	370	146
2014	456	321	225	207	157
2015	819	388	269	420	176

数据来源：国家统计局网站 http：//data. stats. gov. cn/．

表4-12 部分省市区域天然气管道建设情况

管道	建设单位	起点	终点	长度（千米）	输气能力（亿立方米/年）	状态
山西省太原西环高压天然气管网	太原天然气有限公司	新张村	罗城	50	400	已建
重庆涪陵武陵山天然气管道	涪陵燃气	涪陵	武陵山	260	310	已建
贵州六盘水六枝—水城管道	贵州燃气集团	六枝特区	钟山经济开发区	98	160	已建
湖南长沙—浏阳天然气管道	–	长沙	浏阳	62	85	已建
云南昭通支线天然气管网	云南能投集团	曲靖	昭通市	280	130	已建
湖南安仁—炎陵天然气管道	–	郴州安仁县	郴州炎陵县	200	100	在建

管道	建设单位	起点	终点	长度（千米）	输气能力（亿立方米/年）	状态
河北应张输气管道支线张北道	张家口国储天然气管道公司	应张线10号阀室	尚义县	165	160	在建
重庆市万州—云阳管道	凯源油气安装工程公司	万州	云阳	65	120	在建
山东齐济天然气高压输气管网	济华港润燃气有限公司	齐河县	济青二线	28	1000	在建
甘肃省平凉天然气支线管网	平凉康润燃气有限公司	西气东输二线平泉	平凉工业园	38	180	在建
江西天然气管网工程井冈山支线	江西天然气控股公司	井冈山	莲花县	203	100	在建

注：本表数据为2016年部分省市区域天然气管道建设情况。

数据来源：中石油经济技术研究院《2016年国内外油气行业发展报告》。

表 4 - 13　LNG 接收能力

年份 \ 指标	新增接收能力		累计接收能力	
	万吨/年	亿立方米/年	万吨/年	亿立方米/年
2006	370	51	370	51
2007	0	0	370	51
2008	260	36	630	87
2009	300	41	930	128
2010	0	0	930	128
2011	960	132	1890	261
2012	300	41	2190	302
2013	1290	178	3480	480
2014	600	83	4080	563
2015	0	0	4080	563
2016	600	83	4680	646

注：1 万吨 LNG 折合 0.138 亿立方米天然气。

数据来源：中石油经济技术研究院历年《国内外油气行业发展报告》。

表 4 – 14　已投产 LNG 接收站项目

项目名称	所在位置	所属公司	设计能力（万吨/年）		投产时间	
			一期	两期合计	一期	二期
广州大鹏 LNG	广东深圳大鹏湾	中海油	370	680	2006 – 06	2011
福建莆田 LNG	福建莆田湄洲湾	中海油	260	630	2008 – 04	2013
上海洋山 LNG	上海洋山深水港	中海油	300	600	2009 – 10	–
江苏如东 LNG	江苏如东洋口港	中石油	350	650	2011 – 06	2016
辽宁大连 LNG	辽宁大连大孤山半岛	中石油	300	600	2011 – 07	2017
浙江宁波 LNG	浙江宁波白峰镇中宅	中海油	300	600	2012 – 12	2016
珠海金湾 LNG	广东珠海高栏港	中海油	350	700	2013 – 10	–
河北曹妃甸 LNG	唐山市唐海县曹妃甸港区	中石油	350	650	2013 – 12	2016
天津浮式 LNG	天津港南疆港区	中海油	220	600	2013 – 12	2016
海南洋浦 LNG	洋浦经济开发区	中海油	300	600	2014 – 08	–
山东青岛 LNG	青岛胶南董家口	中石化	300	300	2014 – 11	–
广西北海 LNG	北海市铁山港区	中石化	300	300	2016 – 04	–
合计				6910		

注：本表数据为截至 2016 年年底的数据。

数据来源：中石油经济技术研究院历年《国内外油气行业发展报告》。

表4-15 部分在建及规划LNG接收站项目

项目名称	所在位置	所属公司	一期设计能力（万吨/年）	预计投产时间	状态
广东迭福LNG	深圳市大鹏新区迭福片区	中海油	400	2015	在建
广西北海LNG	北海市铁山港区	中石化	300	2015	基本完工
广东粤东LNG	粤东揭阳惠来县	中海油	200	2015	基本完工
天津南港LNG	滨海新区南港工业区	中石化	300	2016	在建
浙江舟山LNG	舟山经济开发区	新奥	300	2017	在建
江苏启东LNG	江苏南通港吕四港区	广汇	60	2017	在建
江苏滨海LNG	盐城滨海港区	中海油	260	2017	拿到路条
浙江温州LNG	温州市洞头县小门岛东北部	中石化	300	2017	拿到路条
福建漳州LNG	龙海市隆教乡兴古湾	中海油	300	2017	拿到路条
江苏连云港LNG	连云港徐圩港区	中石化	300	2017	拿到路条
广东粤西LNG	茂名博贺新港区	中海油	300	2017	拿到路条
山东烟台LNG	烟台芝罘区港西港区	中海油	300	–	前期
深圳LNG	深圳大鹏湾东北岸迭福片区	中石油	300	–	前期
合计			3620		

注：本表数据为截至2016年年底的数据。

数据来源：中石油经济技术研究院历年《国内外油气行业发展报告》。

表4-16 已建地下储气库

储气库	所属公司	地点	类型	工作气能力（亿立方米）	最大注入率（万立方米/日）	投产时间
萨中东2-1（停用）	中石油	大庆	枯竭	0.17	-	1969
喇嘛甸	中石油	大庆	枯竭	1.00	-	1975
大张坨	中石油	大港	枯竭	6.00	320	1999年起陆续投产
板876	中石油	大港	枯竭	2.17	100	
板中北	中石油	大港	枯竭	10.97	300	
板中南	中石油	大港	枯竭	4.70	225	
板808	中石油	大港	枯竭	4.17	360	
板828	中石油	大港	枯竭	2.57	360	
金坛	中石油	江苏	盐穴	1.80	-	2007
京51	中石油	华北	枯竭	1.20	-	2010
京58	中石油	华北	枯竭	3.90	-	
永22	中石油	华北	枯竭	3.00	-	
刘庄	中石油	江苏	枯竭	2.45	-	2011
文96	中石化	中原	枯竭	2.95	-	2012-09
双6	中石油	辽河	枯竭	16.00	-	2013-01
呼图壁	中石油	新疆	枯竭	45.00	1123	2013-07
相国寺	中石油	重庆	枯竭	23.00	1380	2013-06
苏桥储气库群一期	中石油	华北	枯竭	23.00	1300	2013-06
板南	中石油	大港	枯竭	5.00	240	2013-10
云应	中石油	湖北	盐穴	6.00	-	2015
港华金坛	港华燃气	江苏	盐穴	2.18	-	2016
合计				167.23	-	

注：本表数据为截至2016年年底的数据；苏桥储气库群一期包括苏1、苏20、苏4、苏49、顾辛庄五座储气库。

数据来源：中石油经济技术研究院历年《国内外油气行业发展报告》。

表 4 - 17　部分在建及规划地下储气库

储气库	所属公司	地点	类型	工作气能力（亿立方米）	最大注入率（万立方米/日）	投产时间
在建储气库						
西南油气田	中石油	重庆	盐穴	-	-	-
苏桥储气库群二期	中石油	华北	盐穴	-	-	-
川气东送金坛一期二期	中石化	江苏	盐穴	-	-	-
在建合计				-	-	-
开展前期工作储气库						
文23	中石化	中原	枯竭	39.00	-	-
兴9	中石油	华北	枯竭	7.03	-	-
淮安	中石油	江苏	盐穴	6.42	-	-
长春	中石油	吉林	枯竭	5.43	-	-
规划合计				57.88	-	

注：本表数据为截至2016年年底的数据。

数据来源：中石油经济技术研究院历年《国内外油气行业发展报告》。

表 4 –18 部分城市已建 LNG 储备库

项目名称	所在位置	所属公司	储气能力（万立方米 LNG）	投产时间
福建石狮 LNG 储备站	福建石狮	泉州燃气	0.02	2007
五号沟 LNG 储备站	上海	申能	10.00	2008
西安 LNG 应急气源站	陕西西安	西安秦华天然气公司	0.35	2009
西部 LNG 应急气源站	浙江杭州	杭州市燃气集团	0.50	2011
江北 LNG 储备站	湖南邵阳	–	0.60	2011
次渠 LNG 储备站	北京	北京燃气	0.06	2012
长沙新奥燃气星沙储配站	湖南长沙	新奥燃气	2.00	2012
常州 LNG（应急）储备气化站	江苏常州	港华燃气	0.09	2012
深南 LNG 储备库	海南海口	中海油	4.00	2013
武汉 LNG 储备库	湖北武汉	–	2.00	2013
成都 LNG 应急调峰储备库一期	四川成都彭州市	成都城建	1.00	2014
杨凌 LNG 应急储备调峰项目	陕西杨凌示范区	陕西燃气集团	6.00	2014
威海 LNG 应急气源储备站	山东威海	港华燃气	0.09	2014
杭州滨江 LNG 应急气源站	浙江杭州	杭州市燃气集团	6.50	2014
"天然气储备联盟"项目	江西丰城	江西 5 家公司投资	0.12	2014
东部 LNG 应急气源站	浙江杭州	杭州市燃气集团	1.00	2015
合计			34.33	

注：本表数据为截至 2015 年年底的数据。

数据来源：中石油经济技术研究院历年《国内外油气行业发展报告》。

表 4 -19 部分城市在建及规划 LNG 储备库

项目名称	所在位置	所属公司	储气能力（万立方米 LNG）	项目状态	投产时间
五号沟 LNG 储备二期扩建	上海	申能	20.00	在建	2016
深圳天然气储备与调峰库项目	广东深圳	深圳燃气集团	8.00	在建	2016
在建合计			28.00	–	–
西安 LNG 应急储备调峰项目	陕西西安	陕西液化天然气投资发展有限公司	10.00	备案	待定
湖南新能源储备基地	湖南衡阳	中海油	2.00	前期	待定
规划合计			12.00	–	–

注：本表数据为截至 2015 年年底的数据。

数据来源：中石油经济技术研究院历年《国内外油气行业发展报告》。

（四）电力设施

表4-20 发电装机容量及增速

指标 年份	发电装机容量		人均发电装机容量	
	绝对额 （万千瓦）	增速 （％）	绝对额 （千瓦/人）	增速 （％）
2000	31932	6.9	0.25	4.2
2001	33849	6.0	0.27	8.0
2002	35657	5.3	0.28	3.7
2003	39141	9.8	0.30	7.1
2004	44239	13.0	0.34	13.3
2005	51718	16.9	0.40	17.6
2006	62370	20.6	0.47	17.5
2007	71822	15.2	0.54	14.9
2008	79273	10.4	0.60	11.1
2009	87410	10.3	0.65	8.3
2010	96641	10.6	0.72	10.8
2011	106253	9.9	0.79	9.7
2012	114676	7.9	0.85	7.6
2013	125768	9.7	0.92	8.2
2014	137887	9.6	1.01	9.8
2015	152121	10.3	1.10	8.9
2016	164575	8.2	1.19	8.2

注：人均量根据年中人口数计算。

数据来源：2000-2015年人口数据来自国家统计局《中国统计年鉴2016》；2016年人口数据来自国家统计局《2016年国民经济和社会发展统计公报》；2000-2014年发电装机容量数据来自中国电力企业联合会历年《电力工业统计资料汇编》；2015-2016年发电装机容量数据来自中国电力企业联合会《2016年全国电力工业统计快报》。

表 4-21　发电装机容量国际比较

指标 国家/地区	2010 年 发电 装机容量 （亿千瓦）	2011 年 发电 装机容量 （亿千瓦）	2012 年 发电 装机容量 （亿千瓦）	2013 年	
				发电 装机容量 （亿千瓦）	人均发电 装机容量 （千瓦/人）
世界	50.93	52.58	54.20	-	-
中国	**9.66**	**10.63**	**11.47**	**12.58**	**0.93**
美国	10.41	10.55	10.68	10.65	3.36
日本	2.87	2.92	2.95	3.03	2.38
德国	1.57	1.63	1.77	1.86	2.31
加拿大	1.37	1.39	1.34	1.33	3.78
法国	1.24	1.31	1.29	1.30	1.97
意大利	1.06	1.18	1.24	1.25	2.08
巴西	1.12	-	-	1.21	0.59
西班牙	1.02	1.03	1.05	1.06	2.27
英国	0.93	0.94	0.95	0.92	1.44
韩国	0.85	0.85	0.94	0.92	1.83
澳大利亚	0.59	0.61	0.63	0.64	2.77
南非	0.43	-	11.47	0.45	0.85

数据来源：中国数据来自中国电力企业联合会《电力工业统计资料汇编2014》；OECD 国家数据来自 IEA，Electricity Information 2015；其他非 OECD 国家数据来自 United Nations，2013 Energy Statistics Yearbook；人口数据来自世界银行。

表4-22 分地区发电装机容量

单位：万千瓦

地区＼年份	2010	2011	2012	2013	2014	2015	2015 占比（％）
北 京	631	634	731	792	1090	1086	0.7
天 津	1094	1097	1134	1137	1357	1324	0.9
河 北	4215	4450	4868	5220	5544	5778	3.8
山 西	4429	4987	5455	5767	6304	6966	4.6
内蒙古	6460	7506	7840	8485	9273	10397	6.8
辽 宁	3228	3400	3807	3966	4192	4322	2.8
吉 林	2035	2305	2399	2518	2560	2611	1.7
黑龙江	1965	2087	2173	2393	2499	2647	1.7
上 海	1858	1966	2146	2162	2184	2344	1.5
江 苏	6470	7004	7544	8241	8611	9541	6.3
浙 江	5721	6063	6164	6478	7412	8158	5.3
安 徽	2933	3179	3532	3933	4322	5161	3.4
福 建	3473	3717	3885	4201	4449	4919	3.2
江 西	1706	1806	1947	1999	2078	2389	1.6
山 东	6248	6805	7315	7718	7971	9716	6.4
河 南	5057	5324	5765	6052	6196	6744	4.4
湖 北	4906	5314	5787	5896	6213	6411	4.2
湖 南	2912	3112	3297	3364	3567	3889	2.5
广 东	7113	7624	7810	8598	9163	9817	6.4
广 西	2533	2707	3037	3140	3215	3458	2.3
海 南	392	423	502	497	504	635	0.4
重 庆	1167	1296	1340	1509	1774	2109	1.4
四 川	4327	4787	5459	6862	7874	8673	5.7
贵 州	3409	3901	4010	4476	4669	5066	3.3
云 南	3605	4047	4825	5979	7078	7915	5.2
西 藏	78	97	102	110	144	196	0.1
陕 西	2358	2460	2494	2590	2866	3389	2.2
甘 肃	2075	2745	2916	3489	4191	4643	3.0
青 海	1262	1422	1470	1710	1829	2074	1.4
宁 夏	1374	1848	1972	2231	2424	3157	2.1
新 疆	1607	2138	2952	4254	5464	6992	4.6

数据来源：中国电力企业联合会历年《电力工业统计资料汇编》。

表4-23 分电源发电装机容量

单位：万千瓦

电源 年份	水电	火电	核电	风电	太阳能 发电	合计
2005	11739	39138	685	126	-	51718
2010	21606	70967	1082	2958	26	96641
2011	23298	76834	1257	4623	222	106253
2012	24947	81968	1257	6142	341	114676
2013	28044	87009	1466	7652	1589	125768
2014	30486	93232	2008	9657	2486	137887
2015	31953	100050	2717	13130	4263	152113
2016	33211	105388	3364	14864	7742	164569

数据来源：2005-2014年数据来自中国电力企业联合会历年《电力工业统计资料汇编》；2015-2016年数据来自中国电力企业联合会《2016年全国电力工业统计快报》。

表4-24 分电源发电装机结构

单位：%

电源 年份	水电	火电	核电	风电	太阳能 发电
2005	22.7	75.7	1.3	0.2	-
2010	22.4	73.4	1.1	3.1	0.0
2011	21.9	72.3	1.2	4.4	0.2
2012	21.8	71.5	1.1	5.4	0.3
2013	22.3	69.2	1.2	6.1	1.3
2014	22.1	67.6	1.5	7.0	1.8
2015	21.0	65.8	1.8	8.6	2.8
2016	20.2	64.0	2.0	9.0	4.7

数据来源：根据表4-23数据计算得到。

表4-25　分电源发电装机结构国际比较

单位:%

电源 国家/地区	水电	火电	核电	地热、风能、太阳能发电
世界	18.9	68.1	7.0	6.0
中国	**22.3**	**69.2**	**1.2**	**7.4**
美国	9.5	73.9	9.3	7.2
印度	15.2	82.9	1.8	0.0
俄罗斯	21.3	67.8	10.9	0.0
加拿大	57.0	26.1	10.1	6.8
法国	19.6	20.9	48.5	11.0
意大利	17.6	59.9	0.0	22.5
巴西	69.7	27.1	1.7	1.6
澳大利亚	12.6	77.3	0.0	10.1
南非	1.6	94.1	4.2	0.1

注:世界、巴西、南非、印度为2012年数据,其他国家为2013年数据。

数据来源:中国数据来自中国电力企业联合会《电力工业统计资料汇编2013》;OECD国家数据来自IEA, Electricity Information 2015;其他非OECD国家数据来自United Nations, 2012 Energy Statistics Yearbook。

表 4 - 26　各地区分电源发电装机容量

单位：万千瓦

地区 电源	水电	火电	核电	风电	太阳能发电	其他	合计
北　京	98	965	–	15	8	–	1086
天　津	1	1283	–	29	12	–	1324
河　北	182	4350	–	1022	222	2	5778
山　西	244	5940	–	669	111	2	6966
内蒙古	238	7263	–	2425	471	–	10397
辽　宁	293	3074	300	639	16	–	4322
吉　林	377	1783	–	444	7	–	2611
黑龙江	102	2041	–	503	2	–	2647
上　海	–	2261	–	61	21	–	2344
江　苏	114	8380	212	412	422	–	9541
浙　江	1002	6231	657	104	164	0.4	8158
安　徽	291	4613	–	136	121	–	5161
福　建	1300	2890	545	172	13	–	4919
江　西	490	1788	–	67	43	–	2389
山　东	107.7	8754	–	721	133	–	9716
河　南	399	6213	–	91	41	–	6744
湖　北	3653	2576	–	135	48	–	6411
湖　南	1534	2187	–	151.4	17	–	3889
广　东	1355	7323	829	246	62	2	9817
广　西	1645	1652	109	40	12	–	3458
海　南	62	461	65	31	16	–	635
重　庆	676	1410	–	23	–	–	2109
四　川	6939	1624	–	73	36	–	8673
贵　州	2056	2684	–	323	3	–	5066
云　南	5782	1402	–	614	117	–	7915
西　藏	135	40	–	1	17	3	196
陕　西	266	2936	–	114	72	–	3389
甘　肃	851	1930	–	1252	610	–	4643
青　海	1145	318	–	47	564	–	2074
宁　夏	43	1984	–	822	309	–	3157
新　疆	573	4199	–	1691	529	–	6992

注：本表数据为 2015 年数据。

数据来源：中国电力企业联合会《电力工业统计资料汇编 2015》。

表4-27　各地区分电源发电装机结构

单位:%

电源 地区	水电	火电	核电	风电	太阳能 发电	其他
北 京	9.0	88.9	–	1.4	0.7	–
天 津	0.1	96.9	–	2.2	0.9	–
河 北	3.1	75.3	–	17.7	3.8	0.0
山 西	3.5	85.3	–	9.6	1.6	0.0
内蒙古	2.3	69.9	–	23.3	4.5	–
辽 宁	6.8	71.1	6.9	14.8	0.4	–
吉 林	14.4	68.3	–	17.0	0.3	–
黑龙江	3.9	77.1	–	19.0	0.1	–
上 海	–	96.5	–	2.6	0.9	–
江 苏	1.2	87.8	2.2	4.3	4.4	–
浙 江	12.3	76.4	8.1	1.3	2.0	0.0
安 徽	5.6	89.4	–	2.6	2.3	–
福 建	26.4	58.8	11.1	3.5	0.3	–
江 西	20.5	74.8	–	2.8	1.8	–
山 东	1.1	90.1	–	7.4	1.4	–
河 南	5.9	92.1	–	1.3	0.6	–
湖 北	57.0	40.2	–	2.1	0.7	–
湖 南	39.4	56.2	–	3.9	0.4	–
广 东	13.8	74.6	8.4	2.5	0.6	0.0
广 西	47.6	47.8	3.2	1.2	0.3	–
海 南	9.8	72.6	10.2	4.9	2.5	–
重 庆	32.1	66.9	–	1.1	–	–
四 川	80.0	18.7	–	0.8	0.4	–
贵 州	40.6	53.0	–	6.4	0.1	–
云 南	73.1	17.7	–	7.8	1.5	–
西 藏	68.9	20.4	–	0.5	8.7	1.5
陕 西	7.8	86.6	–	3.4	2.1	–
甘 肃	18.3	41.6	–	27.0	13.1	–
青 海	55.2	15.3	–	2.3	27.2	–
宁 夏	1.4	62.8	–	26.0	9.8	–
新 疆	8.2	60.1	–	24.2	7.6	–

注：本表数据为2015年数据。

数据来源：根据表4-26数据计算得到。

表 4-28　35 千伏及以上变压器容量

单位：万千伏安

指标 年份	合计	1000 千伏	±800 千伏	750 千伏	±660 千伏	500 千伏	±500 千伏	±400 千伏	330 千伏	220 千伏	110千伏 （含66千伏）	35 千伏
2005	181677	-	-	300	-	24665	-	-	2557	56811	71508	25836
2006	210260	-	-	300	-	30310	-	-	3128	66768	81026	28728
2007	242443	-	-	300	-	41781	-	-	3951	76951	88658	30802
2008	279861	-	-	660	-	52588	-	-	4665	89685	99130	33133
2009	324771	600	593	1740	-	64145	-	-	5656	103498	112965	35574
2010	365095	600	2669	3870	79	69843	-	-	6590	118705	125231	37508
2011	407508	1800	2669	5110	946	76098	6011	71	7291	130531	137769	39212
2012	445899	1800	4360	5320	946	69056	21569	141	7714	144228	149231	41534
2013	483427	3900	4654	6500	948	90112	7637	141	8575	155699	161661	43600
2014	526685	5700	3180	8090	-	100011	14230	141	10493	167342	171588	45909
2015	569928	5700	3180	10850	-	122285	15203	-	11679	182893	185819	47521

数据来源：中国电力企业联合会历年《电力统计资料汇编》。

表 4-29　35 千伏及以上输电线路长度

单位：千米

指标 年份	合计	1000 千伏	±800 千伏	750 千伏	±660 千伏	500 千伏	±500 千伏	±400 千伏	330 千伏	220 千伏	110 千伏 （含66千伏）	35 千伏
2006	1029497	—	—	141	—	77092	—	—	13762	195392	355517	387593
2007	1106345	—	—	141	—	96574	—	—	15493	216159	376752	401226
2008	1168857	—	—	630	—	107993	—	—	16717	233558	401310	408649
2009	1229370	639	1375	2747	—	108641	13298	—	19156	253573	422863	407077
2010	1344485	639	3334	6685	1095	135180	8081	—	20338	277988	458477	432668
2011	1418873	639	3334	10005	1400	140263	9174	1051	22267	295978	491322	443440
2012	1489108	639	5466	10088	1400	146250	9145	1051	22701	318217	517983	456168
2013	1554236	1936	6904	12666	1400	146166	10653	1031	24065	339075	545815	464525
2014	1628472	3111	10132	13881	1336	152107	11875	1640	25146	358377	566571	484296
2015	1696849	3114	10580	15665	1336	169845	11872	1640	26811	380121	591637	496098

数据来源：中国电力企业联合会历年《电力统计资料汇编》。

（五）非化石能源设施

表4-30　非化石能源发电装机容量

单位：万千瓦

电源 年份	非化石能源发电	水电	其中：抽水蓄能	核电	风电	太阳能发电
2000	8178	7935	-	210	34	-
2001	8535	8301	-	210	-	-
2002	9102	8607	-	447	-	-
2003	10164	9490	-	619	-	-
2004	11291	10524	-	684	-	-
2005	12580	11739	-	685	106	-
2006	13988	13029	-	685	207	-
2007	16215	14823	-	885	420	-
2008	18987	17260	-	885	839	-
2009	22302	19629	-	908	1760	-
2010	25674	21606	1693	1082	2958	-
2011	29419	23298	1838	1257	4623	212
2012	32708	24947	2033	1257	6142	341
2013	38759	28044	2153	1466	7652	1589
2014	44655	30486	2211	2008	9657	2486
2015	52063	31953	2303	2717	13130	4263
2016	59181	33211	2669	3364	14864	7742

数据来源：2000-2014年数据来自中国电力企业联合会历年《电力工业统计资料汇编》；2015-2016年数据来自中国电力企业联合会《2016年全国电力工业统计快报》。

表4-31　水电装机容量国际比较

单位：万千瓦

国家/地区 \ 年份	2010	2011	2012	2013
中国	21606	23298	24947	28044
美国	10102	10095	10111	10159
巴西	8064	8246	8246	8429
加拿大	7508	7508	7557	7554
日本	4774	4842	4897	4893
印度	3763	3905	3905	3955
挪威	2900	2969	2997	3051
法国	2521	2533	2537	2544
意大利	2152	2174	2188	2201
西班牙	1854	1854	1855	1909
土耳其	1583	1713	1961	2229
瑞典	1673	1657	1641	1649
瑞士	1372	1558	1559	1564
委内瑞拉	1462	1462	1462	1462

数据来源：中国数据来自中国电力企业联合会历年《电力工业统计资料汇编》；OECD国家数据来自IEA，Electricity Information 2015；其他非OECD国家数据来自United Nations，2012 Energy Statistics Yearbook。

表4－32 分地区水电装机容量

单位：万千瓦

地区\年份	2010	2011	2012	2013	2014	2015	2015 占比（%）
北　京	105	105	102	101	101	98	0.3
天　津	1	1	1	1	1	1	0.0
河　北	179	179	179	181	182	182	0.6
山　西	182	243	243	243	244	244	0.8
内蒙古	85	85	108	108	177	238	0.7
辽　宁	147	147	272	273	293	293	0.9
吉　林	427	433	442	445	377	377	1.2
黑龙江	94	96	97	97	97	102	0.3
江　苏	114	114	114	114	114	114	0.4
浙　江	969	971	984	986	995	1002	3.1
安　徽	169	200	278	282	288	291	0.9
福　建	1111	1125	1140	1285	1288	1300	4.1
江　西	404	411	420	457	484	490	1.5
山　东	107	107	108	108	108	107.7	0.3
河　南	365	395	395	395	396	399	1.2
湖　北	3085	3386	3595	3616	3627	3653	11.4
湖　南	1299	1337	1372	1401	1510	1534	4.8
广　东	1260	1302	1306	1319	1323	1355	4.2
广　西	1494	1526	1536	1582	1626	1645	5.1
海　南	75	81	81	83	83	62	0.2
重　庆	488	598	611	642	652	676	2.1
四　川	3070	3342	3964	5266	6293	6939	21.7
贵　州	1655	1866	1728	1908	1955	2056	6.4
云　南	2435	2842	3306	4409	5361	5782	18.1
西　藏	44	54	54	58	87	135	0.4
陕　西	221	232	250	251	253	266	0.8
甘　肃	611	655	730	755	814	851	2.7
青　海	1068	1096	1101	1118	1143	1145	3.6
宁　夏	43	43	43	43	43	43	0.1
新　疆	299	327	385	517	573	573	1.8

数据来源：中国电力企业联合会历年《电力工业统计资料汇编》。

表4-33　核电装机容量国际比较

单位：万千瓦

年份 国家/地区	2010	2011	2012	2013
美国	10117	10142	10189	9924
法国	6313	6313	6313	6313
日本	4896	4896	4615	4426
德国	2047	1205	1207	1207
韩国	1772	1872	2072	2072
加拿大	1267	1267	1267	1337
中国	**1082**	**1257**	**1257**	**1466**
英国	1087	1066	995	991
瑞典	898	932	944	941
西班牙	742	745	745	698
比利时	593	593	593	593
印度	478	478	478	478
捷克	390	390	404	404
瑞士	325	328	328	328

数据来源：中国数据来自中国电力企业联合会历年《电力工业统计资料汇编》；OECD 国家数据来自 IEA，Electricity Information 2015；其他非 OECD 国家数据来自 United Nations，2012 Energy Statistics Yearbook。

表4-34　分地区核电装机容量

单位：万千瓦

年份 地区	2010	2011	2012	2013	2014	2015	2015 占比（%）
辽宁	–	–	–	100	200	300	11.0
江苏	212	212	212	212	212	212	7.8
浙江	367	433	433	433	549	657	24.2
福建	–	–	–	109	327	545	20.1
广东	503	612	612	612	721	829	30.5
广西						109	4.0
海南						65	2.4

数据来源：中国电力企业联合会历年《电力工业统计资料汇编》。

表4-35 风电装机容量国际比较

单位：万千瓦

年份 国家/地区	2010	2011	2012	2013	2014	2015	2015 占比 （%）
世界	19766	23918	28470	32063	37189	43472	100
中国	44781	6241	7532	9141	11461	14511	33.4
美国	4027	4708	6021	6129	6615	7474	17.2
德国	2709	2905	3126	3427	3919	4502	10.4
印度	1307	1618	1842	2015	2247	2509	5.8
西班牙	1972	2116	2272	2290	2303	2303	5.3
英国	540	647	890	1121	1299	1419	3.3
加拿大	401	528	621	781	968	1119	2.6
法国	594	681	758	816	934	1027	2.4
意大利	581	694	812	856	870	913	2.1
巴西	93	143	251	347	596	872	2.0
瑞典	214	290	375	447	552	613	1.4
波兰	123	167	255	344	389	515	1.2
丹麦	381	393	414	475	478	493	1.1
葡萄牙	384	421	436	456	468	482	1.1
澳大利亚	208	248	283	349	406	444	1.0
土耳其	132	173	226	276	363	450	1.0

数据来源：BP Statistical Review of World Energy 2016.

表 4 - 36　分地区风电装机容量

单位：万千瓦

地区＼年份	2010	2011	2012	2013	2014	2015	2015 占比（％）
北　京	11	15	15	15	15	15	0.1
天　津	3	13	23	23	29	29	0.2
河　北	372	447	675	825	963	1022	7.8
山　西	37	90	198	316	455	669	5.1
内蒙古	973	1457	1693	1854	2100	2425	18.5
辽　宁	308	402	476	563	608	639	4.9
吉　林	221	285	330	377	408	444	3.4
黑龙江	191	255	323	392	454	503	3.8
上　海	14	21	27	32	37	61	0.5
江　苏	137	158	193	256	302	412	3.2
浙　江	25	32	40	45	73	104	0.8
安　徽	–	20	30	49	82	136	1.0
福　建	55	82	113	146	159	172	1.3
江　西	8	13	20	30	37	67	0.5
山　东	138	246	382	500	622	721	5.5
河　南	5	11	15	27	44	91	0.7
湖　北	6	10	17	35	77	135	1.0
湖　南	4	11	19	34	70	151.4	1.2
广　东	62	74	139	174	204	246	1.9
广　西	–	5	10	12	12	40	0.3
海　南	21	25	30	30	31	31	0.2
重　庆	5	5	5	10	10	23	0.2
四　川	–	2	2	11	29	73	0.6
贵　州	–	4	96	135	233	323	2.5
云　南	34	67	131	165	287	614	4.7
陕　西	–	10	15	59	84	114	0.9
甘　肃	139	555	597	703	1008	1252	9.6
青　海	–	2	2	10	32	47	0.4
宁　夏	51	117	236	302	418	822	6.3
新　疆	136	188	292	521	774	1691	12.9

数据来源：中国电力企业联合会历年《电力工业统计资料汇编》。

表4-37　太阳能发电装机容量国际比较

单位：万千瓦

年份 国家/地区	2010	2011	2012	2013	2014	2015	2015 占比 （%）
世界	4135	7181	10082	13905	18000	23061	100
中国	**80**	**350**	**670**	**1769**	**2833**	**4348**	**18.9**
德国	1794	2543	3303	3634	3834	3970	17.2
日本	362	491	670	1367	2341	3541	15.4
美国	204	396	733	1211	1832	2558	11.1
意大利	350	1280	1645	1820	1862	1892	8.2
英国	10	101	177	289	546	907	3.9
法国	121	297	409	474	568	656	2.8
西班牙	433	479	510	535	538	543	2.4
澳大利亚	57	138	242	323	413	507	2.2
以色列	18	48	118	232	306	506	2.2
韩国	65	73	96	149	240	341	1.5
比利时	107	211	282	308	316	325	1.4
希腊	21	62	154	258	260	261	1.1

数据来源：BP Statistical Review of World Energy 2016.

表4-38　分地区太阳能发电装机容量

单位：万千瓦

地区 ＼ 年份	2010	2011	2012	2013	2014	2015	2015 占比（％）
北　京	-	-	-	-	2.5	8	0.2
天　津	-	-	0.2	1.6	4.7	12	0.3
河　北	-	-	-	25.1	114.5	222	5.3
山　西	-	1.5	1.5	3.5	41.3	111	2.6
内蒙古	-	8.7	20.5	136.8	285.4	471	11.2
辽　宁	-	1.0	2.3	7.0	16	0.4
吉　林	-	-	-	1.0	6.1	7	0.2
黑龙江	-	-	-	1.1	1.1	2	0.0
上　海	0.7	0.7	0.7	0.7	8.7	21	0.5
江　苏	7.0	33.1	43.0	104.6	256.2	422	10.0
浙　江	-	-	1.2	18.0	49.8	164	3.9
安　徽	-	-	1.9	5.0	40.0	121	2.9
福　建	-	-	0.1	2.6	7.8	13	0.3
江　西	-	-	1.6	8.5	20.4	43	1.0
山　东	1.8	3.5	6.6	11.8	30.6	133	3.2
河　南	-	-	-	2.0	20.1	41	1.0
湖　北	-	-	1.2	4.8	8.6	48	1.1
湖　南	-	-	-	0.1	4.9	17	0.4
广　东	-	0.8	0.8	4.4	51.1	62	1.5
广　西	-	-	-	4.2	4.5	12	0.3
海　南	-	2.0	2.0	8.9	13.9	16	0.4
四　川	-	-	-	3.3	5.4	36	0.9
云　南	2.0	2.0	3.0	11.0	28.2	117	2.8
西　藏	-	4.0	8.0	11.0	13.0	17	0.4
陕　西	-	2.0	2.1	6.3	31.3	72	1.7
甘　肃	2.0	11.1	38.2	429.8	517.3	610	14.5
青　海	-	93.8	136.3	348.1	412.4	564	13.4
宁　夏	9.0	49.1	53.1	155.1	173.4	309	7.3
新　疆	-	-	18.0	277.1	326.1	529	12.5

数据来源：中国电力企业联合会历年《电力工业统计资料汇编》。

五、能源生产

（一）综合能源生产

表 5-1　一次能源生产量

年份	生产总量		人均生产量		日均生产量		自给率 （%）
	绝对额 （亿吨标 准煤）	增速 （%）	绝对额 （万吨标 准煤/人）	增速 （%）	绝对额 （万吨标 准煤/日）	增速 （%）	
2000	13.86	5.0	1.10	5.0	379	4.7	96.1
2001	14.74	6.4	1.16	5.6	404	6.7	96.6
2002	15.63	6.0	1.22	5.3	428	6.0	94.2
2003	17.83	14.1	1.38	13.4	488	14.1	92.9
2004	20.61	15.6	1.59	14.9	563	15.3	91.7
2005	22.90	11.1	1.76	10.5	627	11.4	90.0
2006	24.48	6.9	1.87	6.3	671	6.9	87.8
2007	26.42	7.9	2.00	7.4	724	7.9	86.8
2008	27.74	5.0	2.09	4.5	758	4.7	87.8
2009	28.61	3.1	2.15	2.6	784	3.4	85.8
2010	31.21	9.1	2.33	8.6	855	9.1	85.4
2011	34.02	9.0	2.53	8.5	932	9.0	87.1
2012	35.10	3.2	2.60	2.7	959	2.9	86.1
2013	35.88	2.2	2.64	1.7	983	2.5	86.0
2014	36.19	0.9	2.65	0.3	991	0.9	84.9
2015	36.15	-0.1	2.64	-0.6	990	-0.1	84.1
2016	34.60	-4.3	2.51	-4.8	945	-4.5	79.4

注：标准量折算采用发电煤耗计算法。人均生产量根据年中人口数计算。自给率 = 一次能源生产总量/一次能源供应总量；2016 年自给率 = 一次能源生产总量/能源消费总量。

数据来源：1999 - 2015 年人口数据来自国家统计局《中国统计年鉴2016》，1999 - 2015 年一次能源生产数据来自国家统计局《中国能源统计年鉴2016》；2016 年数据来自国家统计局《2016 年国民经济和社会发展统计公报》。

表5-2　一次能源生产量国际比较

指标 国家/地区	生产总量 （万吨 标准煤）	占比 （%）	日均生产 量（万吨 标准煤/日）	人均生产 量（吨 标准煤/人）	自给率 （%）
世界	1972206	100.0	5403	2.73	100.8
OECD	591990	30.0	1622	4.66	78.6
非OECD	1380221	70.0	3781	2.32	119.8
中国	370445	18.8	1015	2.72	85.0
美国	287425	14.6	787	9.05	90.8
俄罗斯	186526	9.5	511	12.98	183.7
欧盟	110718	5.6	303	2.18	49.5
沙特	88917	4.5	244	29.11	291.5
印度	77402	3.9	212	0.60	65.7
印尼	65428	3.3	179	2.59	203.1
加拿大	67142	3.4	184	18.99	167.9
澳大利亚	52244	2.6	143	22.43	292.0
伊朗	45178	2.3	124	5.82	133.4
尼日利亚	37146	1.9	102	2.12	193.0
巴西	38178	1.9	105	1.86	82.7
卡塔尔	31419	1.6	86	147.05	499.0
科威特	23766	1.2	65	64.70	491.1
墨西哥	29753	1.5	82	2.39	110.8
阿联酋	28576	1.4	78	31.53	283.8
委内瑞拉	26530	1.3	73	8.70	275.1
挪威	28044	1.4	77	54.90	682.9
南非	24045	1.2	66	4.48	114.5
哈萨克斯坦	23755	1.2	65	13.84	216.9
伊拉克	23284	1.2	64	6.71	329.4
阿尔及利亚	20463	1.0	56	5.31	277.2
法国	19596	1.0	54	2.96	56.5

注：（1）本表数据为2014年数据，占比为占世界一次能源生产总量的比重；（2）IEA的统计范围除了煤炭、石油、天然气、核电、水电和其他可再生能源等商品能源之外，还包括农村生物燃料等非商品能源；（3）标准量折算采用电热当量计算法，自给率＝生产总量/供应总量（Production/TPES）。

数据来源：IEA, World Energy Balances (2016 edition)；人口数据来自世界银行。

表5-3 一次能源生产结构(发电煤耗计算法)

单位:%

年份 \ 品种	原煤	原油	天然气	非化石能源		
					水电	核电
2000	72.9	16.8	2.6	7.7	6.1	0.5
2001	72.6	15.9	2.7	8.8	7.1	0.4
2002	73.1	15.3	2.8	8.8	6.8	0.6
2003	75.7	13.6	2.6	8.1	5.8	0.9
2004	76.7	12.2	2.7	8.4	6.2	0.9
2005	77.4	11.3	2.9	8.4	6.2	0.8
2006	77.5	10.8	3.2	8.5	6.3	0.8
2007	77.8	10.1	3.5	8.6	6.3	0.8
2008	76.8	9.8	3.9	9.5	7.1	0.8
2009	76.8	9.4	4.0	9.8	7.1	0.8
2010	76.2	9.3	4.1	10.4	7.4	0.8
2011	77.8	8.5	4.1	9.6	6.5	0.8
2012	76.2	8.5	4.1	11.2	7.8	0.9
2013	75.4	8.4	4.4	11.8	8.0	1.0
2014	73.6	8.4	4.7	13.3	9.1	1.1
2015	72.2	8.5	4.8	14.5	9.6	1.4
2016	69.0	8.2	5.3	17.5	–	–

数据来源:2000-2015年数据来自国家统计局历年《中国能源统计年鉴》;2016年数据根据国家统计局《2016年国民经济和社会发展统计公报》相关数据计算得到。

表5-4 一次能源生产结构（电热当量计算法）

年份 \ 品种	原煤	原油	天然气	非化石能源	水电	核电
2000	76.3	17.6	2.7	3.4	2.1	0.2
2001	76.5	16.7	2.9	3.9	2.4	0.2
2002	77.0	16.1	2.9	4.0	2.4	0.2
2003	79.3	14.2	2.7	3.8	2.0	0.3
2004	80.5	12.8	2.8	3.9	2.2	0.3
2005	81.2	11.9	3.0	3.9	2.2	0.3
2006	81.4	11.3	3.3	4.0	2.3	0.3
2007	81.6	10.6	3.7	4.1	2.4	0.3
2008	81.0	10.3	4.1	4.6	2.7	0.3
2009	81.0	10.0	4.2	4.8	2.8	0.3
2010	80.7	9.8	4.3	5.2	3.0	0.3
2011	81.9	9.0	4.3	4.8	2.7	0.3
2012	81.0	9.0	4.4	5.6	3.2	0.4
2013	80.4	8.9	4.7	6.0	3.4	0.4
2014	79.2	9.0	5.0	6.8	3.9	0.5
2015	78.2	9.2	5.3	7.3	4.2	0.6

数据来源：国家统计局《中国能源统计年鉴2016》。

表 5 – 5　一次能源生产结构国际比较

单位:%

品种 国家/地区	原煤	原油	天然气	核电	水电	其他
世界	28.8	31.2	21.2	4.8	2.4	11.6
OECD	23.6	26.4	25.2	12.5	2.9	9.5
非 OECD	31.1	33.3	19.5	1.5	2.2	12.5
中国	**72.9**	**8.2**	**4.2**	**1.3**	**3.5**	**10.0**
美国	24.1	27.3	29.9	10.8	1.1	6.7
俄罗斯	14.5	40.5	39.6	3.6	1.2	0.6
欧盟	19.4	9.1	15.1	29.5	4.2	22.8
沙特	0.0	88.8	11.2	0.0	0.0	0.0
印度	46.8	7.8	5.1	1.7	2.1	36.5
印尼	59.4	8.9	14.3	0.0	0.3	17.0
加拿大	7.4	46.6	29.3	6.0	7.0	3.7
澳大利亚	78.1	5.2	14.5	0.0	0.4	1.8
伊朗	0.2	52.2	46.7	0.4	0.4	0.2
尼日利亚	0.0	44.7	13.3	0.0	0.2	41.8
巴西	1.1	45.9	7.2	1.5	12.0	32.2
卡塔尔	0.0	35.3	64.7	0.0	0.0	0.0
科威特	0.0	92.6	7.4	0.0	0.0	0.0
墨西哥	3.7	69.5	17.9	1.2	1.6	6.1
阿联酋	0.0	78.0	21.9	0.0	0.0	0.0
委内瑞拉	0.5	84.5	10.6	0.0	4.0	0.4
挪威	0.6	44.3	48.4	0.0	6.0	0.8
南非	87.6	0.1	0.5	2.1	0.0	9.6
哈萨克斯坦	30.0	50.7	18.8	0.0	0.4	0.0
伊拉克	0.0	96.4	3.4	0.0	0.2	0.0
阿尔及利亚	0.0	51.0	49.0	0.0	0.0	0.0
法国	0.1	0.7	0.0	83.0	3.9	12.3

注:(1)本表数据为 2014 年数据;(2)IEA 的统计范围除了煤炭、石油、天然气、核电、水电和其他可再生能源等商品能源之外,还包括农村生物燃料等非商品能源;(3)标准量折算采用电热当量计算法。

数据来源:IEA, World Energy Balances (2016 edition).

(二) 煤炭生产

表5-6 原煤生产量

指标 年份	生产总量		人均生产量		日均生产量		自给率 （%）
	绝对额 （亿吨）	增速 （%）	绝对额 （吨/人）	增速 （%）	绝对额 （万吨/日）	增速 （%）	
2000	13.84	1.5	1.10	0.7	378	1.2	105.0
2001	14.72	6.3	1.16	5.5	403	6.6	106.2
2002	15.50	5.4	1.21	4.7	425	5.4	104.3
2003	18.35	18.3	1.42	17.6	503	18.3	103.1
2004	21.23	15.7	1.64	15.0	580	15.4	103.3
2005	23.65	11.4	1.81	10.8	648	11.7	100.4
2006	25.70	8.7	1.96	8.0	704	8.7	98.3
2007	27.60	7.4	2.09	6.8	756	7.4	97.6
2008	29.03	5.2	2.19	4.7	793	4.9	98.7
2009	31.15	7.3	2.34	6.8	854	7.6	96.9
2010	34.28	10.1	2.56	9.5	939	10.1	96.4
2011	37.64	9.8	2.80	9.3	1031	9.8	95.5
2012	39.45	4.8	2.92	4.3	1078	4.5	94.0
2013	39.74	0.7	2.93	0.2	1089	1.0	93.1
2014	38.74	-2.5	2.84	-3.0	1061	-2.5	93.9
2015	37.47	-3.3	2.73	-3.8	1026	-3.3	94.5
2016	34.10	-9.0	2.47	-9.5	932	-9.2	90.1

注：自给率=原煤生产量/原煤供应量，2016年自给率=原煤生产量/煤炭消费量；人均量根据年中人口数计算。

数据来源：1999-2015年人口数据来自国家统计局《中国统计年鉴2016》，1999-2015年原煤生产量和2000-2015年原煤供应量数据来自国家统计局历年《中国能源统计年鉴》；2016年数据来自国家统计局《2016年国民经济和社会发展统计公报》。

表 5-7 煤炭生产量国际比较

单位：百万吨

年份 国家/地区	2010	2011	2012	2013	2014	2015	2015占比（%）
世界	7484.4	7977.5	8204.7	8254.9	8206.0	7861.1	100.0
OECD	2086.9	2105.3	2054.4	2025.3	2055.6	1896.0	24.1
非 OECD	5397.5	5872.2	6150.3	6229.5	6150.4	5965.1	75.9
中国	**3428.4**	**3764.4**	**3945.1**	**3974.3**	**3873.9**	**3747.0**	**47.7**
美国	983.7	993.9	922.1	893.4	907.2	812.8	11.9
印度	572.3	563.8	605.6	608.5	648.1	677.5	7.4
澳大利亚	433.4	420.8	444.9	470.8	503.2	484.5	7.2
印尼	275.2	353.3	385.9	449.1	458.1	392.0	6.3
俄罗斯	322.9	337.4	358.3	355.2	357.4	373.3	4.8
南非	254.5	252.8	258.6	256.6	261.5	252.1	3.7
哥伦比亚	74.4	85.8	89.2	85.5	88.6	85.5	1.5
波兰	133.2	139.3	144.1	142.9	137.1	135.5	1.4
哈萨克斯坦	110.9	116.4	120.5	119.6	114.0	106.5	1.2
德国	182.3	188.6	196.2	190.6	185.8	184.3	1.1
加拿大	68.0	67.5	67.6	68.7	67.7	60.7	0.8
越南	44.8	46.6	42.1	41.1	41.7	41.5	0.6
乌克兰	77.3	85.2	87.3	84.8	64.0	38.5	0.4
捷克	55.1	57.8	54.5	49.2	46.7	46.2	0.4
蒙古	25.2	32.0	29.9	30.1	25.3	24.5	0.4
土耳其	73.4	76.0	71.5	60.4	65.2	46.2	0.3
希腊	56.5	58.7	63.0	53.9	50.8	47.7	0.2
保加利亚	29.3	37.1	33.4	28.6	31.3	35.9	0.2
墨西哥	15.3	19.6	15.2	14.6	14.9	14.4	0.2
罗马尼亚	31.1	35.5	33.9	24.7	23.5	25.5	0.1
泰国	18.3	21.3	18.1	18.1	18.0	15.2	0.1

注：BP 提供的 2015 年占比是按标准量数据计算的占比。

数据来源：BP Statistical Review of World Energy 2016.

表5-8 分地区原煤生产量

单位：万吨

年份 地区	2010	2011	2012	2013	2014	2015	2015 占比 （%）
全　国	342845	376444	394513	397432	387392	374654	–
地区加总	353953	395309	416000	397443	387389	374652	100
北　京	500	500	493	500	457	450	0.1
天　津	–	–	–	–	–	–	–
河　北	10199	10585	11772	7739	7345	7437	2.0
山　西	74096	87228	91333	92167	92794	96680	25.8
内蒙古	78665	97961	104191	99055	93391	90957	24.3
辽　宁	7525	7121	6598	5658	5001	4752	1.3
吉　林	5239	5393	6336	3060	3100	2634	0.7
黑龙江	9707	9820	9129	7988	7059	6551	1.7
上　海	–	–	–	–	–	–	–
江　苏	2091	2100	2104	2011	2019	1919	0.5
浙　江	15	15	15	9	–	–	–
安　徽	13346	14080	15049	13885	12804	13404	3.6
福　建	2525	2620	2051	1681	1589	1591	0.4
江　西	2912	3237	2950	2986	2814	2271	0.6
山　东	15654	16114	17668	14962	14684	14220	3.8
河　南	22384	20957	15879	16042	14416	13596	3.6
湖　北	1292	953	887	1096	1057	860	0.2
湖　南	7903	8414	9032	7229	5554	3559	0.9
广　东	–	–	–	–	–	–	–
广　西	758	784	754	697	615	425	0.1
海　南	–	–	–	–	–	–	–
重　庆	4575	4364	3572	3910	3884	3562	1.0
四　川	9248	9377	9471	6588	7663	6406	1.7
贵　州	15954	15601	18107	18518	18508	17205	4.6
云　南	9763	9957	10385	10686	4741	5184	1.4
西　藏	–	–	–	–	–	–	–
陕　西	36164	41135	46767	50323	52226	52576	14.0
甘　肃	4688	4701	4878	4521	4753	4400	1.2
青　海	2016	2176	2606	3128	1833	816	0.2
宁　夏	6808	8124	8598	8800	8563	7976	2.1
新　疆	9927	11992	15375	14204	14520	15221	4.1

数据来源：国家统计局历年《中国能源统计年鉴》。

表 5-9 焦炭生产量

指标 年份	焦炭生产量		人均焦炭生产量		日均焦炭生产量	
	绝对额 （万吨）	增速 （%）	绝对额 （吨/人）	增速 （%）	绝对额 （万吨/日）	增速 （%）
2000	12184	0.9	0.10	0.1	33.3	0.6
2001	13731	12.7	0.11	11.9	37.6	13.0
2002	14253	3.8	0.11	3.1	39.1	3.8
2003	17776	24.7	0.14	23.9	48.7	24.7
2004	20538	15.5	0.16	14.9	56.1	15.2
2005	26512	29.1	0.20	28.3	72.6	29.4
2006	30074	13.4	0.23	12.8	82.4	13.4
2007	33105	10.1	0.25	9.5	90.7	10.1
2008	32314	-2.4	0.24	-2.9	88.3	-2.7
2009	35744	10.6	0.27	10.1	97.9	10.9
2010	38658	8.2	0.29	7.6	105.9	8.2
2011	43433	12.4	0.32	11.8	119.0	12.4
2012	43831	0.9	0.32	0.4	119.8	0.6
2013	48348	10.3	0.36	9.8	132.5	10.6
2014	47981	-0.8	0.35	-1.3	131.5	-0.8
2015	44823	-6.6	0.33	-7.1	122.8	-6.6

注：人均量根据年中人口数计算。

数据来源：人口数据来自国家统计局《中国统计年鉴2016》，焦炭生产量数据来自国家统计局历年《中国能源统计年鉴》。

表 5-10 分地区焦炭生产量

单位：万吨

地区\年份	2010	2011	2012	2013	2014	2015	2015 占比（%）
全　国	38658	43433	43831	48348	47981	44823	－
地区加总	38864	43273	44780	48181	47983	44818	100.0
北　京	161	－	－	－	－	－	－
天　津	238	234	229	260	229	196	0.4
河　北	5046	6290	6701	6382	5614	5481	12.2
山　西	8505	9010	8608	9022	8766	8040	17.9
内蒙古	2034	2482	2569	3180	3446	3041	6.8
辽　宁	1876	2027	2021	2147	2141	2097	4.7
吉　林	411	485	524	489	448	372	0.8
黑龙江	957	1011	957	821	803	687	1.5
上　海	631	641	633	540	489	534	1.2
江　苏	1394	1855	2052	2253	2396	2433	5.4
浙　江	282	292	295	296	297	294	0.7
安　徽	875	869	899	904	930	958	2.1
福　建	143	151	190	167	196	152	0.3
江　西	799	876	810	831	868	815	1.8
山　东	3429	3973	4225	4396	4608	4365	9.7
河　南	2572	2417	2361	2766	2898	2942	6.6
湖　北	947	994	922	943	932	920	2.1
湖　南	582	677	640	652	660	657	1.5
广　东	195	194	178	178	193	244	0.5
广　西	392	411	420	540	606	586	1.3
重　庆	359	397	332	349	267	218	0.5
四　川	1159	1281	1312	1400	1356	1304	2.9
贵　州	713	685	839	891	762	729	1.6
云　南	1607	1603	1573	1747	1508	1150	2.6
陕　西	1571	2172	2894	3475	3835	3658	8.2
甘　肃	244	263	338	458	583	525	1.2
青　海	130	168	240	252	133	－	－
宁　夏	424	438	577	705	784	758	1.7
新　疆	1188	1377	1441	2137	2235	1662	3.7

数据来源：国家统计局历年《中国能源统计年鉴》。

（三）石油生产

表 5-11　原油生产量

指标\年份	生产总量		日均生产量		石油自给率（%）
	绝对额（亿吨）	增速（%）	（万吨）	（万桶）	
2000	1.63	1.9	44.5	326	72.0
2001	1.64	0.6	44.9	329	70.7
2002	1.67	1.9	45.8	335	67.0
2003	1.70	1.6	46.5	341	61.5
2004	1.76	3.7	48.1	352	54.8
2005	1.81	3.1	49.7	364	55.7
2006	1.85	1.9	50.6	371	52.9
2007	1.86	0.8	51.0	374	50.8
2008	1.90	2.2	52.0	381	51.0
2009	1.89	-0.5	51.9	381	49.0
2010	2.03	7.1	55.6	408	46.0
2011	2.03	-0.1	55.6	407	44.4
2012	2.07	2.3	56.7	416	43.3
2013	2.10	1.2	57.5	422	42.0
2014	2.11	0.7	57.9	425	40.8
2015	2.15	1.5	58.8	431	39.0
2016	2.00	-6.9	54.5	400	35.6

注：石油自给率＝原油生产总量/石油供应量；2016 年石油自给率＝原油生产总量/石油消费总量；每吨按 7.33 桶折算。

数据来源：2000－2015 年数据来自国家统计局历年《中国能源统计年鉴》；2016 年数据来自国家统计局《2016 年国民经济和社会发展统计公报》。

表 5-12　原油生产量国际比较

指标 国家/地区	生产总量 （亿吨）	占比 （％）	日均生产量		石油自给 率（％）
			（万吨）	（万桶）	
世界	43.62	100.0	1192	9167	100.7
OPEC	18.07	41.4	494	3823	－
非 OPEC	25.55	58.6	698	5344	－
沙特	5.68	13.0	155	1201	338.2
美国	5.67	13.0	155	1270	66.6
俄罗斯	5.41	12.4	148	1098	378.2
中国	2.15	4.9	59	431	38.3
加拿大	2.15	4.9	59	439	214.8
伊拉克	1.97	4.5	54	403	－
伊朗	1.83	4.2	50	392	205.4
阿联酋	1.75	4.0	48	390	438.4
科威特	1.49	3.4	41	310	632.6
委内瑞拉	1.35	3.1	37	263	422.3
巴西	1.32	3.0	36	253	96.0
墨西哥	1.28	2.9	35	259	151.3
尼日利亚	1.13	2.6	31	235	－
安哥拉	0.89	2.0	24	183	－
挪威	0.88	2.0	24	195	860.7
卡塔尔	0.79	1.8	22	190	728.5
哈萨克斯坦	0.79	1.8	22	167	623.1
阿尔及利亚	0.68	1.6	159	19	354.8
哥伦比亚	0.53	1.2	15	101	343.2
阿曼	0.47	1.1	13	95	－
阿塞拜疆	0.42	1.0	11	84	925.8
印度	0.41	0.9	11	88	21.1
印尼	0.40	0.9	11	82	54.4

注：本表数据为 2015 年数据；石油自给率＝原油生产总量/石油消费总量。

数据来源：BP Statistical Review of World Energy 2016.

表 5 - 13　分地区原油生产量

单位：万吨

年份 地区	2010	2011	2012	2013	2014	2015
全　国	20301	20288	20748	20992	21143	21457
地区加总	20301	20288	20748	20992	21143	21457
北　京	－	－	－	－	－	－
天　津	3333	3188	3098	3045	3075	3497
河　北	599	586	584	591	592	580
山　西	－	－	－	－	－	－
内蒙古	－	－	－	－	21	46
辽　宁	950	1000	1000	1001	1022	1037
吉　林	702	739	810	704	664	665
黑龙江	4005	4006	4002	4001	4000	3839
上　海	8	8	5	8	6	7
江　苏	186	189	195	201	206	191
浙　江	－	－	－	－	－	－
安　徽	－	－	－	－	－	－
福　建	－	－	－	－	－	－
江　西	－	－	－	－	－	－
山　东	2786	2713	2775	2726	2713	2608
河　南	498	486	477	477	470	412
湖　北	87	79	79	80	79	71
湖　南	－	－	－	－	－	－
广　东	1287	1153	1209	1292	1245	1573
广　西	3	2	2	44	59	51
海　南	20	20	19	26	29	30
重　庆	－	－	－	－	－	－
四　川	15	16	18	22	19	15
贵　州	－	－	－	－	－	－
云　南	－	－	－	－	－	－
西　藏	－	－	－	－	－	－
陕　西	3017	3225	3528	3688	3768	3737
甘　肃	58	63	70	73	71	67
青　海	186	195	205	215	220	223
宁　夏	3	4	2	6	8	13
新　疆	2558	2616	2671	2792	2875	2795

数据来源：国家统计局《中国能源统计年鉴 2016》。

表5-14　主要品种石油生产量

单位：万吨

品种 年份	原油	汽油	煤油	柴油	燃料油	液化 石油气
2000	16300	4135	872	7080	2054	917
2001	16396	4155	789	7486	1864	952
2002	16700	4376	826	7796	1846	1037
2003	16960	4836	855	8633	2005	1212
2004	17587	5265	962	10104	2029	1417
2005	18135	5434	1006	11090	1767	1433
2006	18477	5595	975	11653	1885	1745
2007	18632	5918	1153	12359	1967	1945
2008	19044	6347	1159	13409	1737	1915
2009	18949	7321	1480	14079	1353	1832
2010	20301	7410	1924	14924	2487	2092
2011	20288	8118	1922	15690	2282	2241
2012	20748	8976	2164	17064	2253	2269
2013	20992	9834	2524	17276	2776	2513
2014	21143	11030	3081	17635	3542	2706
2015	21456	12104	3659	18008	3963	2934
2016	19968	12932	3984	17918	2587	3504

数据来源：2000-2015年数据来自国家统计局历年《中国能源统计年鉴》；2016年原油数据来自国家统计局《2016年国民经济和社会发展统计公报》，2016年汽油、煤油、柴油、燃料油、液化石油气数据来自国家统计局网站 http：//www.stats.gov.cn/.

表 5 –15 分地区汽油产量

单位：万吨

年份 地区	2010	2011	2012	2013	2014	2015
北 京	257	251	262	243	299	298
天 津	165	178	184	211	200	246
河 北	270	293	294	305	322	433
山 西	3	3	–	10	3	–
内蒙古	42	34	15	148	152	148
辽 宁	1058	1017	1088	1060	1058	1129
吉 林	163	194	195	202	208	197
黑龙江	463	482	464	481	430	480
上 海	260	274	305	499	472	537
江 苏	287	299	344	452	564	658
浙 江	305	315	285	285	308	333
安 徽	97	96	83	127	231	217
福 建	150	137	170	149	324	391
江 西	109	101	131	178	174	194
山 东	1195	1286	1525	1671	2188	2651
河 南	208	191	239	222	210	164
湖 北	240	243	241	281	279	317
湖 南	126	191	241	241	199	228
广 东	636	636	674	760	873	886
广 西	77	230	301	337	409	432
海 南	263	295	303	234	218	248
重 庆	–	–	–	–	–	–
四 川	58	76	65	74	195	217
贵 州	–	–	–	–	–	–
云 南	–	–	–	–	3	2
西 藏	–	–	–	–	–	–
陕 西	573	611	738	745	766	705
甘 肃	288	399	375	390	381	395
青 海	41	46	42	45	49	54
宁 夏	77	47	174	205	194	220
新 疆	268	234	239	277	321	324

数据来源：国家统计局《中国能源统计年鉴 2016》。

表5-16 分地区煤油产量

单位：万吨

地区 年份	2010	2011	2012	2013	2014	2015
北　京	116.1	126.4	132.9	99.4	152.3	160.0
天　津	81.2	115.0	94.5	130.8	134.1	157.4
河　北	4.3	–	0.3	13.7	13.5	44.2
山　西	–	–	–	–	–	–
内蒙古	–	–	–	2.2	7.8	9.1
辽　宁	224.2	222.0	293.3	355.9	380.5	429.1
吉　林	–	–	–	–	8.8	21.6
黑龙江	31.5	34.7	42.3	64.0	74.0	68.5
上　海	149.3	150.1	165.1	222.7	244.6	292.9
江　苏	165.6	201.3	231.6	244.8	290.4	410.6
浙　江	154.6	162.9	156.2	209.0	218.8	226.3
安　徽	–	–	–	–	–	0.4
福　建	94.7	106.8	103.2	79.3	118.4	274.8
江　西	–	–	3.2	21.9	24.4	34.2
山　东	86.7	92.2	114.9	163.5	199.5	200.8
河　南	56.9	47.7	72.1	78.3	72.6	49.5
湖　北	46.2	51.2	50.9	63.8	84.8	107.7
湖　南	4.8	12.5	28.3	35.2	39.0	51.7
广　东	344.0	366.1	399.1	438.3	535.0	641.1
广　西	3.3	18.4	35.1	23.8	90.3	105.7
海　南	44.6	68.1	78.0	90.6	138.6	150.2
重　庆	–	–	–	–	–	–
四　川	1.1	0.9	1.2	1.9	0.4	29.1
贵　州	–	–	–	–	–	–
云　南	–	–	–	–	–	–
西　藏	–	–	–	–	–	–
陕　西	27.7	25.7	30.8	29.8	35.3	33.1
甘　肃	32.3	31.7	39.4	75.3	64.0	74.2
青　海	–	–	–	–	–	–
宁　夏	–	–	–	7.0	8.7	14.2
新　疆	45.6	46.1	59.0	62.7	65.3	72.2

数据来源：国家统计局《中国能源统计年鉴2016》。

表 5-17　分地区柴油产量

单位：万吨

年份 地区	2010	2011	2012	2013	2014	2015
北　京	350.4	355.7	319.1	247.2	267.0	208.6
天　津	602.7	646.0	607.1	659.5	582.4	545.3
河　北	486.9	538.3	547.0	438.5	394.4	497.8
山　西	0.2	—	—	—	—	—
内蒙古	79.3	93.6	76.4	207.9	214.7	177.3
辽　宁	2379.8	2284.8	2358.0	2391.3	2331.0	2270.9
吉　林	322.2	412.9	383.4	388.0	382.1	349.6
黑龙江	615.5	609.1	573.0	584.5	530.5	534.4
上　海	773.6	798.9	822.1	859.3	685.1	761.0
江　苏	808.3	746.8	678.7	759.1	687.3	718.7
浙　江	832.6	870.9	801.8	769.1	713.9	685.2
安　徽	196.0	208.2	180.0	225.1	303.3	280.0
福　建	388.0	253.2	327.7	283.4	560.0	506.3
江　西	190.8	193.9	229.0	204.8	179.6	211.9
山　东	2263.9	2463.5	2666.4	2885.1	3244.3	3952.2
河　南	297.6	274.3	310.6	250.2	191.2	138.4
湖　北	379.6	389.3	354.8	464.3	459.7	450.4
湖　南	215.0	291.6	342.5	322.4	243.3	287.4
广　东	1531.0	1551.7	1539.9	1580.7	1503.7	1419.4
广　西	145.5	474.8	650.9	595.5	574.8	592.4
海　南	346.0	319.2	294.0	229.7	280.9	331.2
重　庆	0.6	—	0.4	0.4	—	—
四　川	83.3	86.6	86.0	59.1	313.6	340.9
贵　州	—	—	—	—	—	—
云　南	—	—	—	—	—	—
西　藏	—	—	—	—	—	—
陕　西	854.4	853.3	921.5	884.0	895.8	842.0
甘　肃	619.9	736.0	685.0	660.5	628.4	584.4
青　海	56.7	73.0	67.5	65.5	62.0	67.3
宁　夏	92.3	53.3	182.0	197.7	193.1	205.3
新　疆	976.1	1097.4	1059.1	1063.2	1213.4	1049.6

数据来源：国家统计局《中国能源统计年鉴2016》。

（四）天然气生产

表5-18　天然气生产量

指标 年份	生产总量 （亿立方米）	生产总量 增速 （%）	日均生产量 （亿立方 米/日）	人均生产量 （立方米/人）	自给率 （%）
2000	272	7.9	0.74	21.5	113.0
2001	303	11.5	0.83	23.8	111.1
2002	327	7.7	0.89	25.5	110.9
2003	350	7.2	0.96	27.2	105.7
2004	415	18.4	1.13	32.0	106.3
2005	493	19.0	1.35	37.8	106.4
2006	586	18.7	1.60	44.7	103.4
2007	692	18.3	1.90	52.5	98.0
2008	803	16.0	2.19	60.6	98.3
2009	853	6.2	2.34	64.1	95.1
2010	958	12.3	2.62	71.6	88.5
2011	1053	10.0	2.89	78.4	79.0
2012	1106	5.0	3.02	81.9	73.8
2013	1209	9.3	3.31	89.0	70.8
2014	1302	7.7	3.57	95.4	69.7
2015	1346	3.4	3.69	98.2	69.7
2016	1369	1.7	3.74	99.3	65.8

注：2010年起包括液化天然气数据；人均量根据年中人口数计算；自给率＝生产量/供应量，2016年自给率＝生产量/（生产量＋进口量－出口量）。

数据来源：1999-2015年人口数据来自国家统计局《中国统计年鉴2016》，1999-2015年生产量数据来自国家统计局历年《中国能源统计年鉴》；2016年数据来自国家统计局《2016年国民经济和社会发展统计公报》，2016年进、出口量数据来自海关信息网 http://www.haiguan.info/.

表5-19　天然气生产量国际比较

指标 国家/地区	生产总量 （亿立方米）	占比 （%）	日均生产量 （亿立方米）	自给率 （%）
世界	35386	100.0	96.95	102.0
OECD	12932	36.8	35.43	80.5
非OECD	22455	63.2	61.52	120.6
美国	7673	22.0	21.02	98.6
俄罗斯	5733	16.1	15.71	146.4
伊朗	1925	5.4	5.27	100.6
卡塔尔	1814	5.1	4.97	401.9
加拿大	1635	4.6	4.48	159.6
中国	1380	3.9	3.78	69.9
欧盟	1201	3.4	3.29	29.9
挪威	1172	3.3	3.21	2438.2
沙特	1064	3.0	2.92	100.0
阿尔及利亚	830	2.3	2.27	212.7
印尼	750	2.1	2.06	188.9
土库曼斯坦	724	2.0	1.98	210.9
马来西亚	682	1.9	1.87	171.5
澳大利亚	671	1.9	1.84	803.3
乌兹别克斯坦	577	1.6	1.58	114.8
阿联酋	558	1.6	1.53	80.7
墨西哥	532	1.5	1.46	64.0
尼日利亚	501	1.4	1.37	–
埃及	456	1.3	1.25	95.3
荷兰	430	1.2	1.18	135.2
巴基斯坦	419	1.2	1.15	96.6
泰国	398	1.1	1.09	75.3
英国	397	1.1	1.09	58.1
特立尼达和多巴哥	396	1.1	1.09	184.0
阿根廷	365	1.0	1.00	76.8

注：本表数据为2015年数据；自给率＝生产量/消费量。

数据来源：BP Statistical Review of World Energy 2016.

表 5-20 分地区天然气生产量

单位：亿立方米

地区＼时间	2010	2011	2012	2013	2014	2015
全 国	957.9	1053.4	1106.1	1208.6	1301.6	1346.1
地区加总	948.5	1026.9	1071.5	1208.6	1301.6	1346.1
北 京	-	-	-	7.5	12.8	16.9
天 津	17.2	18.4	18.7	18.7	21.2	20.5
河 北	12.7	12.2	13.4	15.6	17.5	10.4
山 西	-	-	-	25.1	31.6	43.1
内蒙古	-	-	-	10.0	15.5	9.2
辽 宁	8.0	7.2	7.2	8.3	8.1	6.6
吉 林	13.7	15.0	22.2	23.9	22.3	20.3
黑龙江	30.0	31.0	33.7	35.0	35.4	35.8
上 海	3.3	3.0	2.9	2.4	2.1	1.9
江 苏	0.6	0.5	0.6	0.5	0.5	0.4
浙 江	-	-	-	-	-	-
安 徽	-	-	-	-	-	-
福 建	-	-	-	-	-	-
江 西	-	-	-	-	0.4	0.4
山 东	5.3	5.2	6.0	5.1	4.9	4.6
河 南	6.7	5.0	5.0	4.9	4.9	4.2
湖 北	2.0	2.3	1.7	3.1	1.5	1.4
湖 南	-	-	-	-	-	-
广 东	78.4	83.3	83.5	75.3	83.7	96.6
广 西	-	-	-	0.1	0.2	0.2
海 南	1.8	2.0	1.8	2.3	1.6	1.9
重 庆	1.2	0.5	0.4	1.7	7.8	33.3
四 川	237.7	265.5	242.3	244.8	253.5	267.2
贵 州	0.1	-	-	0.4	0.4	0.9
云 南	0.1	0.1	0.1	0.0	0.0	-
西 藏	-	-	-	-	-	-
陕 西	223.5	272.2	311.3	371.7	410.1	415.9
甘 肃	0.2	0.2	0.2	0.2	0.2	0.1
青 海	56.1	65.0	64.3	68.1	68.9	61.4
宁 夏	-	3.0	3.3	-	-	-
新 疆	249.9	235.3	253.0	284.0	296.7	293.0

数据来源：国家统计局《中国能源统计年鉴 2016》。

表5－21 分油气田天然气生产量

单位：亿立方米

油气田/生产企业		2010 年	2011 年	2012 年	2013 年	2014 年
中国石油	大庆	29.9	31.0	33.7	11.2	35.1
	吉林	14.1	15.5	17.6	16.5	16.0
	辽河	8.0	7.2	7.2	7.2	7.0
	华北	5.5	7.6	8.3	5.0	3.0
	大港	3.7	4.5	4.4	3.8	5.4
	新疆	38.0	37.1	31.0	20.0	32.4
	塔里木	183.6	170.5	193.1	223.2	235.6
	吐哈	12.5	10.5	10.5	10.4	10.0
	青海	56.1	65.0	63.5	68.1	68.9
	长庆	211.1	258.3	290.3	346.8	381.5
	西南	153.6	142.1	131.5	126.1	135.6
	南方	1.8	2.0	1.8	1.7	1.6
	浙江	–	–	0.0	–	0.1
	小计	722.5	755.9	792.6	879.7	940.6
中国石化	胜利	5.2	5.0	5.0	5.0	5.0
	中原	5.7	4.4	4.4	4.4	83.1
	河南	0.6	0.6	0.6	0.6	0.5
	江汉	1.6	1.6	1.7	3.1	2.5

油气田/生产企业		2010 年	2011 年	2012 年	2013 年	2014 年
中国石化	江苏	0.6	0.5	0.6	0.5	0.5
	西北	15.8	15.9	16.5	16.4	16.3
	西南	26.5	28.0	29.6	31.1	31.9
	东北	3.4	3.8	5.1	6.0	6.6
	华北	22.4	23.3	27.3	34.4	40.0
	上海	0.0	–	2.9	3.1	3.3
	勘探南方	–	–	76.6	82.2	–
	小计	125.1	146.4	169.3	188.0	190.5
中国海油	天津	–	–	21.4	23.4	25.0
	深圳	–	–	16.6	17.3	27.0
	湛江	–	–	56.0	55.8	44.9
	上海	–	–	5.8	5.6	6.4
	小计	92.1	101.2	99.7	102.7	103.4
地方	延长	–	–	0.0	0.0	6.1
	上海	–	–	3.4	5.6	2.5
	田东	–	–	0.0	–	–
	小计	3.9	–	3.4	2.8	8.6
全国合计		944.6	1012.8	1062.1	1169.2	1239.9

数据来源：国土资源部历年《全国油气矿产储量通报》。

表 5-22　分品种天然气生产量

单位：亿立方米

年份　　指标	天然气	煤层气	页岩气
2000	272.0	-	-
2001	303.3	-	-
2002	326.6	-	-
2003	350.2	-	-
2004	414.6	-	-
2005	493.2	0.3	-
2006	585.5	1.3	-
2007	692.4	3.3	-
2008	803.0	5.0	-
2009	852.7	7.0	-
2010	957.9	15.0	-
2011	1053.4	23.0	-
2012	1106.1	25.7	0.5
2013	1208.6	30.0	2.0
2014	1301.6	36.0	13.0
2015	1346.1	44.0	46.7

数据来源：天然气产量数据来自国家统计局历年《中国能源统计年鉴》；煤层气和页岩气产量数据来自国土资源部，转引自中国能源研究会历年《中国能源发展报告》。

（五）电力生产

表5-23　发电量及增速

指标 年份	发电量		人均发电量		日均发电量	
	绝对额 （亿千 瓦时）	增速 （%）	绝对额 （千瓦 时/人）	增速 （%）	绝对额 （亿千 瓦时/日）	增速 （%）
2000	13685	11	1084	10.2	37	10.7
2001	14839	8.4	1167	7.7	41	8.7
2002	16542	11.5	1292	10.7	45	11.5
2003	19052	15.2	1479	14.5	52	15.2
2004	21944	15.2	1693	14.5	60	14.9
2005	24975	13.8	1916	13.2	68	14.1
2006	28499	14.1	2174	13.5	78	14.1
2007	32644	14.5	2477	13.9	89	14.5
2008	34510	5.7	2605	5.2	94	5.4
2009	36812	6.7	2765	6.1	101	7.0
2010	42278	14.8	3160	14.3	116	14.8
2011	47306	11.9	3519	11.4	130	11.9
2012	49865	5.4	3692	4.9	136	5.1
2013	53721	7.7	3958	7.2	147	8.0
2014	56801	5.7	4163	5.2	156	5.7
2015	56938	0.2	4142	1.1	156	0.2
2016	59897	5.2	4332	4.6	164	4.9

注：人均量根据年中人口数计算。

数据来源：2000-2015年人口数据来自国家统计局《中国统计年鉴2016》；2016年人口数据来自国家统计局《2016年国民经济和社会发展统计公报》；2000-2014年发电量数据来自中国电力企业联合会历年《电力工业统计资料汇编》；2015-2016年发电量数据来自中国电力企业联合会《2016年全国电力工业统计快报》。

表 5 - 24　发电量国际比较（BP）

单位：亿千瓦时

年份 国家/地区	2010	2011	2012	2013	2014	2015	2015 占比 （%）
世界	214938	221846	227534	233363	238936	240977	100.0
OECD	109208	108634	108823	108489	107985	108208	44.9
非 OECD	105730	113212	118711	124873	130951	132769	55.1
中国	**42072**	**47130**	**49876**	**54316**	**57945**	**58106**	24.1
美国	43328	43052	42535	42751	43069	43030	17.9
印度	9507	10340	10956	11589	12531	13048	5.4
俄罗斯	10380	10549	10693	10591	10642	10634	4.4
日本	11560	11042	11069	10878	10627	10355	4.3
德国	6331	6131	6301	6387	6253	6471	2.7
加拿大	5882	6196	6198	6413	6380	6333	2.6
巴西	5158	5318	5525	5708	5905	5798	2.4
法国	5738	5664	5647	5730	5616	5688	2.4
韩国	4950	5176	5306	5171	5220	5223	2.2
英国	3818	3674	3636	3592	3389	3377	1.4
沙特	2401	2501	2717	2840	3118	3281	1.4
墨西哥	2756	2921	2964	2971	3034	3067	1.3
意大利	3021	3026	2993	2898	2798	2818	1.2
西班牙	3030	2918	2976	2836	2778	2785	1.2
伊朗	2261	2355	2477	2546	2746	2819	1.2
中国台湾	2471	2522	2504	2524	2600	2580	1.1
土耳其	2112	2294	2395	2402	2520	2597	1.1
澳大利亚	2515	2517	2522	2466	2507	2536	1.1
南非	2596	2625	2579	2561	2547	2497	1.0

数据来源：BP Statistics Review of World Energy 2016.

表5-25 发电量国际比较（IEA）

单位：亿千瓦时

国家/地区＼年份	2010	2011	2012	2013	2014	2014占比（%）
世界	215819	222788	227772	234535	239034	100.0
OECD	109577	109057	108945	108983	108469	45.4
非 OECD	106242	113732	118827	125552	130564	54.6
中国	42080	47158	49940	54472	56789	23.8
美国	43784	43495	42907	43064	43392	18.2
印度	9794	10745	11230	11935	12874	5.4
俄罗斯	10380	10548	10707	10591	10642	4.5
日本	11479	10822	10641	10656	10407	4.4
加拿大	5960	6299	6329	6608	6562	2.7
德国	6330	6131	6298	6387	6278	2.6
巴西	5157	5318	5526	5711	5906	2.5
法国	5691	5614	5657	5723	5628	2.4
韩国	4995	5233	5346	5420	5509	2.3
英国	3818	3674	3636	3592	3389	1.4
墨西哥	2755	3028	3073	2973	3015	1.3
沙特	2401	2501	2717	2840	3118	1.3
意大利	3021	3026	2993	2898	2798	1.2
西班牙	3015	2938	2976	2856	2787	1.2
伊朗	2330	2401	2543	2624	2746	1.1
南非	2596	2625	2579	2561	2526	1.1
中国台湾	2470	2520	2503	2524	2600	1.1
土耳其	2112	2294	2395	2402	2520	1.1
澳大利亚	2527	2540	2512	2497	2483	1.0

数据来源：IEA，World Energy Statistics (2016 edition).

表 5 - 26　分地区发电量

单位：亿千瓦时

年份 地区	2010	2011	2012	2013	2014	2015	2015 占比 （%）
北 京	270	266	293	336	369	421	0.7
天 津	556	613	587	597	612	601	1.0
河 北	2063	2250	2316	2443	2383	2301	4.0
山 西	2151	2344	2535	2625	2643	2457	4.3
内蒙古	2600	3135	3344	3623	3861	3923	6.8
辽 宁	1340	1423	1488	1573	1617	1619	2.8
吉 林	658	705	714	773	758	704	1.2
黑龙江	791	834	842	844	894	895	1.6
上 海	944	1026	973	972	808	821	1.4
江 苏	3499	3933	4158	4405	4348	4426	7.7
浙 江	2568	2790	2847	2941	2913	2972	5.2
安 徽	1463	1655	1808	1978	2028	2062	3.6
福 建	1356	1579	1623	1790	1870	1883	3.3
江 西	639	742	760	852	876	982	1.7
山 东	3091	3172	3306	3597	4493	4619	8.0
河 南	2284	2598	2597	2881	2675	2559	4.5
湖 北	2017	2102	2245	2235	2395	2356	4.1
湖 南	1100	1204	1214	1278	1261	1253	2.2
广 东	3146	3696	3644	3768	3805	3789	6.6
广 西	1032	1052	1172	1219	1298	1319	2.3
海 南	162	189	211	232	246	256	0.4
重 庆	475	534	547	591	674	683	1.2
四 川	1704	1857	2129	2617	3130	3209	5.6
贵 州	1340	1416	1610	1674	1845	1931	3.4
云 南	1365	1555	1748	2148	2550	2553	4.4
西 藏	20	23	21	23	26	38	0.1
陕 西	1032	1179	1233	1253	1326	1321	2.3
甘 肃	875	1068	1107	1195	1241	1228	2.1
青 海	472	490	592	591	596	573	1.0
宁 夏	599	999	1013	1121	1167	1166	2.0
新 疆	665	875	1188	1613	2093	2479	4.3

数据来源：中国电力企业联合会历年《电力工业统计资料汇编》。

表5-27 分电源发电量

电源 年份	水电	火电	核电	风电	太阳能发电	合计
2000	2431	11079	167	—	—	13865
2005	3964	20437	531	—	—	24975
2010	6867	34166	747	494	1	42278
2011	6681	39003	872	741	6	47306
2012	8556	39255	983	1030	36	49865
2013	8921	42216	1115	1383	84	53721
2014	10601	43030	1332	1598	235	56801
2015	11117	41868	1714	1853	385	56937
2016	11807	42886	2132	2410	662	59897

数据来源：2000－2014 年数据来自中国电力企业联合会历年《电力工业统计资料汇编》；2015－2016 年数据来自中国电力企业联合会《2016年全国电力工业统计快报》。

表5-28 分电源发电结构

单位：%

电源 年份	水电	火电	核电	风电	太阳能发电
2000	17.5	79.9	1.2	—	—
2005	15.9	81.8	2.1	—	—
2010	16.2	80.8	1.8	1.2	0.0
2011	14.1	82.4	1.8	1.6	0.0
2012	17.2	78.7	2.0	2.1	0.1
2013	16.6	78.6	2.1	2.6	0.2
2014	18.7	75.8	2.3	2.8	0.4
2015	19.5	73.5	3.0	3.3	0.7
2016	19.7	71.6	3.6	4.0	1.1

数据来源：根据表5-27 数据计算得到。

表 5 - 29　分电源发电结构国际比较

单位:%

电源 国家/地区	煤电	油电	气电	生物燃料及 垃圾发电	水电	核电	风电	太阳能 发电	其他
世界	40.6	4.3	21.6	2.1	16.7	10.6	3.0	0.8	0.4
OECD	32.1	2.6	24.1	3.0	13.5	18.3	4.5	1.4	0.6
非 OECD	47.7	5.7	19.5	1.3	19.3	4.2	1.8	0.3	0.2
中国	72.5	0.2	2.0	1.0	18.7	2.3	2.7	0.5	0.0
美国	39.5	0.9	26.8	1.9	6.5	19.1	4.2	0.6	0.5
印度	75.1	1.8	4.9	2.0	10.2	2.8	2.9	0.4	0.0
俄罗斯	14.9	1.0	50.1	0.3	16.6	17.0	0.0	0.0	0.0
日本	33.5	11.2	40.4	3.4	8.4	0.0	0.5	2.4	0.2
加拿大	9.9	1.2	9.3	0.8	58.3	16.4	3.4	0.3	0.3
德国	45.4	0.9	9.9	9.1	4.1	15.5	9.1	5.7	0.3
法国	2.1	0.3	2.3	1.2	12.2	77.6	3.1	1.0	0.2
巴西	4.5	6.0	13.7	7.8	63.2	2.6	2.1	0.0	0.1
韩国	42.0	3.2	23.7	0.4	1.4	28.4	0.2	0.5	0.3
英国	30.1	0.5	29.7	7.7	2.6	18.8	9.4	1.2	0.0
意大利	16.6	5.1	33.5	7.6	21.5	0.0	5.4	8.0	2.4
西班牙	16.2	5.1	17.0	2.2	15.4	20.6	18.7	4.9	0.0
墨西哥	11.2	10.9	57.0	0.5	12.9	3.2	2.1	0.1	2.0

注:本表数据为 2014 年数据。

数据来源:IEA, World Energy Statistics (2016 edition).

表5-30　各地区分电源发电结构

单位:%

地区 \ 电源	水电	火电	核电	风电	太阳能发电及其他
北　京	1.7	97.9	0.0	0.7	0.1
天　津	0.0	98.8	0.0	1.0	0.1
河　北	0.5	91.5	0.0	7.3	0.7
山　西	1.3	94.4	0.0	4.1	0.3
内蒙古	0.9	87.2	0.0	10.4	1.5
辽　宁	2.0	82.1	9.0	6.9	0.1
吉　林	7.5	83.8	0.0	8.5	0.1
黑龙江	2.1	89.8	0.0	8.0	0.0
上　海	0.0	98.7	0.0	1.2	0.1
江　苏	0.3	93.8	3.8	1.4	0.7
浙　江	7.7	74.8	16.7	0.5	0.3
安　徽	2.4	96.5	0.0	1.0	0.2
福　建	23.3	58.9	15.4	2.3	0.1
江　西	17.4	81.2	0.0	1.1	0.2
山　东	0.2	97.1	0.0	2.6	0.1
河　南	4.3	95.2	0.0	0.5	0.1
湖　北	55.3	43.7	0.0	0.9	0.1
湖　南	41.5	56.7	0.0	1.8	0.1
广　东	7.5	75.3	16.0	1.1	0.1
广　西	57.8	41.1	0.5	0.5	0.0
海　南	3.5	91.4	1.6	2.3	0.7
重　庆	33.5	65.9	0.0	0.4	0.0
四　川	86.2	13.4	0.0	0.3	0.1
贵　州	42.8	55.5	0.0	1.7	0.0
云　南	85.3	10.8	0.0	3.7	0.3
西　藏	89.5	0.8	0.0	0.3	9.2
陕　西	6.3	92.0	0.0	1.4	0.4
甘　肃	27.4	57.5	0.0	10.3	4.8
青　海	64.7	20.9	0.0	1.2	13.2
宁　夏	1.4	88.0	0.0	7.5	3.1
新　疆	8.2	83.4	0.0	6.1	2.3

注:本表数据为2015年数据。

数据来源:中国电力企业联合会《电力工业统计资料汇编2015》。

表5-31　发电设备平均利用小时数

单位：小时

年份　电源	合计	水电	火电	核电	风电
2000	4517	3258	4848	7970	–
2001	4588	3129	4900	8320	–
2002	4860	3289	5272	8161	–
2003	5245	3239	5767	7462	–
2004	5455	3462	5991	7578	–
2005	5425	3664	5865	7755	1975
2006	5198	3393	5612	8011	1790
2007	5020	3519	5338	7747	1804
2008	4648	3589	4885	7825	1978
2009	4546	3328	4865	7716	2077
2010	4650	3404	5031	7840	2047
2011	4730	3019	5305	7759	1890
2012	4579	3591	4982	7855	1929
2013	4521	3359	5021	7874	2025
2014	4348	3669	4778	7787	1900
2015	3988	3590	4364	7403	1724
2016	3785	3621	4165	7042	1742

注：本表数据为6000千瓦及以上电厂数据。

数据来源：2000-2014年数据来自中国电力企业联合会历年《电力工业统计资料汇编》；2015-2016年数据来自中国电力企业联合会《2016年全国电力工业统计快报》。

表 5-32 分地区发电设备平均利用小时数

单位：小时

地区 \ 年份	2010	2011	2012	2013	2014	2015
北　京	4261	4160	3982	4260	4069	3806
天　津	5237	5525	5265	5230	5068	4453
河　北	5091	5201	5014	4829	4497	4116
山　西	5060	5070	4790	4744	4452	3744
内蒙古	4157	4407	4389	4421	4354	4064
辽　宁	4639	4411	4119	4006	3935	3822
吉　林	3776	3369	3126	3086	2998	2742
黑龙江	4086	4059	3962	3737	3668	3519
上　海	4735	4911	4551	4502	3718	3671
江　苏	5573	5678	5617	5545	5098	4908
浙　江	4894	5193	5004	4996	4398	4019
安　徽	5085	5460	5299	5270	4690	4274
福　建	4224	4562	4258	4499	4464	3996
江　西	4129	4504	4319	4480	4474	4564
山　东	5041	4819	4749	4815	4822	4974
河　南	4856	5181	4724	4802	4354	3913
湖　北	4289	4179	4120	3832	3969	3750
湖　南	4036	4176	3814	3908	3641	3375
广　东	4869	5265	4958	4576	4504	3978
广　西	4064	4027	3982	3857	3931	3740
海　南	4253	4536	4735	4815	4995	4768
重　庆	4222	4494	4220	4148	4845	3602
四　川	4337	4250	4259	4288	4308	3946
贵　州	4032	3751	4189	4071	3980	3933
云　南	4116	4076	4012	4025	3989	3618
西　藏	3917	3068	2100	2151	1976	2268
陕　西	4583	4932	4978	4990	4995	4441
甘　肃	4410	4157	3891	3804	3356	2776
青　海	4501	3797	4151	3782	3375	3052
宁　夏	5919	6069	5344	5403	5094	4294
新　疆	4910	5198	5145	5045	4188	3753

注：本表数据为 6000 千瓦及以上电厂数据。

数据来源：中国电力企业联合会历年《电力工业统计资料汇编》。

表5-33 分地区火电设备平均利用小时数

单位：小时

地区 \ 年份	2010	2011	2012	2013	2014	2015
北　京	5055	4929	4627	4926	4564	4158
天　津	5260	5547	5331	5286	5138	4519
河　北	5462	5752	5621	5526	5229	4846
山　西	5211	5284	5046	5018	4813	4100
内蒙古	4562	5047	5074	5099	5118	4979
辽　宁	4916	4797	4558	4353	4417	4343
吉　林	4514	4190	3854	3443	3680	3326
黑龙江	4385	4456	4436	4134	4146	4081
上　海	4751	4941	4574	4533	3753	3716
江　苏	5647	5785	5734	5690	5240	5125
浙　江	5203	5686	5268	5296	4521	3950
安　徽	5235	5672	5571	5608	4981	4541
福　建	4300	5269	4341	4852	4825	3872
江　西	4392	4974	4521	4818	4835	4927
山　东	5178	4991	4962	5065	5136	5303
河　南	5071	5398	4847	4940	4502	4025
湖　北	4507	5051	4364	4683	4165	4024
湖　南	4527	5352	4176	4462	3901	3452
广　东	5051	5621	4977	4737	4578	3966
广　西	5175	5617	4698	4777	4114	3184
海　南	4670	5015	5325	5376	5682	5586
重　庆	4903	5615	4671	5132	5693	3658
四　川	4506	4541	4048	3928	3552	2682
贵　州	5560	5301	5073	5672	4485	4304
云　南	4876	4709	3852	3462	2879	1973
西　藏	3258	1378	1257	1726	704	74
陕　西	4700	5041	5166	5266	5308	4690
甘　肃	4665	4916	4337	4497	4231	3778
青　海	5615	5934	5187	5795	5402	4958
宁　夏	6168	6355	5808	6173	6101	5422
新　疆	5427	5979	5767	5774	5248	4730

注：本表数据为6000千瓦及以上电厂数据。

数据来源：中国电力企业联合会历年《电力工业统计资料汇编》。

（六）非化石能源生产

表5-34 非化石能源发电量

单位：亿千瓦时

电源 年份	合计	水电	火电	核电	风电
2001	2794	2611	175	–	–
2002	3020	2746	265	–	–
2003	3262	2813	439	–	–
2004	3840	3310	505	–	–
2005	4538	3964	531	16	–
2006	4758	4148	548	28	–
2007	5437	4714	629	57	–
2008	6480	5655	692	131	–
2009	6695	5717	701	276	–
2010	8112	6867	747	494	1
2011	8303	6681	872	741	7
2012	10610	8556	983	1030	36
2013	11505	8921	1115	1383	84
2014	13771	10601	1332	1598	235
2015	15069	11117	1714	1853	385
2016	17011	11807	2132	2410	662

数据来源：2001-2014年数据来自中国电力企业联合会历年《电力工业统计资料汇编》；2015-2016年数据来自中国电力企业联合会《2016年全国电力工业统计快报》。

表 5 – 35　水电发电量国际比较

单位：亿千瓦时

国家/地区＼年份	2010	2011	2012	2013	2014	2014占比（%）
世界	35311	36001	37597	38828	39825	100
OECD	14195	14523	14529	14756	14633	36.7
非 OECD	21117	21478	23068	24072	25192	63.3
中国	**7222**	**6989**	**8721**	**9203**	**10643**	**26.7**
加拿大	3515	3758	3803	3919	3826	9.6
巴西	4033	4283	4153	3910	3734	9.4
美国	2863	3446	2983	2901	2815	7.1
俄罗斯	1684	1676	1673	1827	1771	4.4
挪威	1172	1216	1428	1287	1366	3.4
印度	1231	1436	1245	1416	1316	3.3
日本	907	917	836	849	869	2.2
委内瑞拉	768	837	820	835	872	2.2
法国	675	499	636	759	686	1.7
瑞典	665	666	791	615	639	1.6
越南	276	409	528	520	585	1.5
意大利	544	478	439	547	603	1.5
巴拉圭	541	576	602	604	553	1.4
哥伦比亚	404	489	476	493	497	1.2
奥地利	416	378	477	458	448	1.1
瑞士	378	341	403	400	397	1.0
土耳其	518	523	579	594	406	1.0
墨西哥	371	362	319	280	389	1.0
巴基斯坦	318	285	299	319	314	0.8

数据来源：IEA，World Energy Statistics（2016 edition）.

表 5-36 分地区水电发电量

单位：亿千瓦时

地区＼年份	2010	2011	2012	2013	2014	2015
北　京	4	4	7	5	7	7
天　津	0.1	0.1	0.2	0.2	0.2	0.2
河　北	8	9	10	12	13	11
山　西	37	35	44	40	34	31
内蒙古	20	18	29	36	35	36
辽　宁	57	41	64	79	42	32
吉　林	103	74	79	125	70	53
黑龙江	22	16	18	29	21	19
江　苏	14	13	12	12	12	12
浙　江	224	156	220	191	203	229
安　徽	37	28	36	36	41	49
福　建	454	285	476	399	413	439
江　西	101	75	146	123	133	171
山　东	1	1.1	1.2	4.5	5.5	7.2
河　南	85	98	128	115	96	109
湖　北	1246	1167	1380	1175	1385	1303
湖　南	375	304	446	430	488	520
广　东	268	209	298	318	289	284
广　西	475	415	524	462	631	762
海　南	20	26	24	24	25	9
重　庆	143	146	210	178	241	229
四　川	1139	1261	1545	2023	2578	2767
贵　州	384	393	560	422	733	827
云　南	814	1009	1240	1631	2082	2177
西　藏	15	17	15	14	20	34
陕　西	75	94	81	71	71	83
甘　肃	263	282	344	356	355	336
青　海	363	367	458	427	403	371
宁　夏	18	17	19	19	18	16
新　疆	103	122	140	164	159	203

数据来源：中国电力企业联合会《电力工业统计资料汇编》。

表5-37　分地区水电设备平均利用小时数

单位：小时

年份 地区	2010	2011	2012	2013	2014	2015
北　京	413	422	411	446	663	664
河　北	382	404	462	537	627	563
山　西	2120	1673	1793	1636	1383	1245
内蒙古	2334	2144	2701	3300	2978	1756
辽　宁	3990	2818	2954	2901	1521	1082
吉　林	2466	1705	1759	2829	1601	1400
黑龙江	2232	1593	1803	3027	2147	1864
江　苏	1160	1067	1012	998	1024	1011
浙　江	2120	1512	2011	1803	1886	2137
安　徽	1935	1384	1262	1091	1213	1444
福　建	4118	2486	4171	3262	3213	3368
江　西	2756	1825	3345	2586	2748	3276
山　东	–	32	29	355	515	698
河　南	2287	2543	3215	2959	2397	2655
湖　北	4167	3669	3989	3302	3876	3620
湖　南	3209	2291	3216	3007	3287	3362
广　东	2146	1553	2515	1805	3648	2796
广　西	3210	2806	3321	2863	3760	4385
海　南	2773	3087	2965	2893	3113	1518
重　庆	3066	2798	3617	2781	3750	3514
四　川	4252	4116	4352	4416	4528	4286
贵　州	2306	2009	3077	2143	3432	3840
云　南	3731	3813	4125	4322	4128	3913
西　藏	4018	3340	2682	2478	2606	3118
陕　西	3317	3908	3229	2822	2676	3063
甘　肃	4376	4142	4923	4599	4348	3854
青　海	4244	3421	4191	3833	3554	3257
宁　夏	4227	3975	4545	4538	4181	3693
新　疆	4012	3787	3662	3596	3220	3617

注：本表数据为6000千瓦及以上电厂数据。

数据来源：中国电力企业联合会历年《电力工业统计资料汇编》。

表 5 - 38 核电发电量国际比较

单位：亿千瓦时

年份 国家/地区	2010	2011	2012	2013	2014	2014 占比 （%）
世界	27563	25826	24603	24791	25353	100
OECD	22884	20870	19516	14756	19807	78.1
非 OECD	4679	4957	5087	5167	5547	21.9
美国	8389	8214	8011	8220	8306	32.8
法国	4285	4424	4254	4237	4365	17.2
俄罗斯	1704	1729	1775	1725	1808	7.1
韩国	1486	1547	1503	1388	1564	6.2
中国	739	864	974	1116	1325	5.2
加拿大	907	936	949	1034	1077	4.2
德国	1406	1080	995	973	971	3.8
乌克兰	892	902	901	832	884	3.5
瑞典	578	605	640	665	649	2.6
英国	621	690	704	706	637	2.5
西班牙	620	577	615	567	573	2.3
中国台湾	416	421	404	416	424	1.7
印度	263	323	329	342	361	1.4
比利时	479	482	403	426	337	1.3
捷克	280	283	303	307	303	1.2
瑞士	263	267	254	260	276	1.1
芬兰	228	232	230	236	236	0.9
匈牙利	158	157	158	154	156	0.6
巴西	145	157	160	155	154	0.6
日本	2882	1018	159	93	0	0.0

数据来源：IEA，World Energy Statistics (2016 edition).

表5-39　分地区核电发电量

单位：亿千瓦时

地区＼年份	2000	2005	2010	2011	2012	2013	2014	2015
辽　宁	-	-	-	-	-	64	120	145
江　苏	-	-	157	161	162	167	168	166
浙　江	20	226	257	286	346	346	354	496
福　建	-	-	-	-	-	74	142	290
广　东	147	305	334	425	474	464	549	606
广　西	-	-	-	-	-	-	-	7
海　南	-	-	-	-	-	-	-	4

数据来源：中国电力企业联合会《电力工业统计资料汇编》。

表5-40　分地区核电设备平均利用小时数

单位：小时

地区＼年份	2009	2010	2011	2012	2013	2014	2015
辽　宁	-	-	-	-	8438	6879	5815
江　苏	6690	7851	8036	8121	8344	8384	8303
浙　江	7982	7861	7585	7878	7869	7868	7639
福　建	-	-	-	-	8471	7256	6885
广　东	8065	7820	7777	7752	7589	7915	7728
海　南	-	-	-	-	-	-	7594

注：本表数据为6000千瓦及以上电厂数据。

数据来源：中国电力企业联合会历年《电力工业统计资料汇编》。

表5-41 风电发电量国际比较

单位：亿千瓦时

年份 国家/地区	2010	2011	2012	2013	2014	2014 占比 （％）
世界	3413	4355	5236	6456	7173	100.0
OECD	2687	3291	3805	4468	4877	68.0
非OECD	727	1064	1431	1987	2296	32.0
美国	951	1209	1419	1697	1839	25.6
中国	**446**	**703**	**960**	**1412**	**1561**	**21.8**
德国	378	489	507	517	574	8.0
西班牙	443	429	495	556	520	7.3
印度	197	245	301	336	372	5.2
英国	103	157	198	284	320	4.5
加拿大	87	102	113	180	225	3.1
法国	99	121	149	160	172	2.4
意大利	91	99	135	149	151	2.1
丹麦	78	98	103	111	131	1.8
巴西	22	27	51	66	122	1.7
葡萄牙	92	92	103	120	121	1.7
瑞典	35	61	72	98	112	1.6
澳大利亚	51	61	70	80	103	1.4
土耳其	29	47	59	76	85	1.2
波兰	17	32	47	60	77	1.1
荷兰	40	51	50	56	58	0.8
日本	40	46	47	43	50	0.7
爱尔兰	28	44	40	45	51	0.7
希腊	27	33	39	41	37	0.5

数据来源：IEA, World Energy Statistics (2016 edition).

表5-42 分地区风电发电量

单位：亿千瓦时

年份 地区	2010	2011	2012	2013	2014	2015
北　京	3	3	3	3	3	3
天　津	0	1	5	6	6	6
河　北	57	89	126	155	164	168
山　西	6	13	36	58	76	100
内蒙古	174	227	284	368	386	408
辽　宁	47	66	79	100	104	112
吉　林	33	40	44	58	58	60
黑龙江	33	44	51	69	72	72
上　海	2	4	6	8	7	10
江　苏	23	27	37	47	57	64
浙　江	5	6	8	10	13	16
安　徽	-	3	5	9	13	21
福　建	12	22	28	36	38	44
江　西	1	2	3	5	6	11
山　东	27	42	63	89	101	121
河　南	1	2	3	5	7	12
湖　北	1	2	2	6	13	21
湖　南	0	1	3	5	8	22
广　东	10	16	24	31	34	42
广　西	-	0	1	2	2	6
海　南	2	5	5	6	5	6
重　庆	1	0	1	1	2	3
四　川	-	0	0	1	4	10
贵　州	-	1	5	12	18	33
云　南	4	10	28	38	63	94
陕　西	-	1	3	7	13	18
甘　肃	21	71	94	119	115	127
青　海	-	0	0	1	4	7
宁　夏	8	13	33	61	71	88
新　疆	23	28	49	68	135	151

数据来源：中国电力企业联合会历年《电力工业统计资料汇编》。

表 5 - 43　分地区风电设备平均利用小时数

单位：小时

地区＼年份	2010	2011	2012	2013	2014	2015
北　京	2672	2721	2091	2100	1929	1703
天　津	1993	2027	2078	2458	2250	2227
河　北	2540	2155	2255	2052	1913	1808
山　西	1544	1537	1767	2257	1853	1697
内蒙古	1936	1752	1857	2114	2002	1865
辽　宁	2034	－	1762	1924	1734	1780
吉　林	1941	1591	1420	1653	1501	1430
黑龙江	2031	1970	1780	1930	1753	1520
上　海	1805	2019	2572	2420	2082	1999
江　苏	2103	1841	2112	1902	2064	1753
浙　江	2010	2043	2311	2284	2202	1887
安　徽	－	1562	1761	1830	1665	1742
福　建	2577	3057	2794	2745	2478	2658
江　西	1726	2372	1687	2178	1873	2030
山　东	2364	2018	1975	2008	1782	1795
河　南	2214	2542	2250	2312	2056	1793
湖　北	1485	1916	1621	2188	2032	1927
湖　南	1429	1164	2076	1883	1720	2117
广　东	1768	2325	2109	1878	1839	1765
广　西	－	2372	1408	2019	1819	2143
海　南	1173	2073	1568	1969	1645	1914
重　庆	1999	2166	1773	1277	1880	2184
四　川	－	1776	2463	1779	2433	2360
贵　州	－	1350	1543	1595	1575	1199
云　南	2191	2520	2760	2357	2511	2573
陕　西	－	1449	2070	1709	1961	2014
甘　肃	1816	1652	1661	1806	1596	1184
青　海	－	586	1031	2258	1723	1952
宁　夏	2169	1970	2047	2084	1973	1614
新　疆	2207	1873	2584	2152	2094	1571

注：本表数据为 6000 千瓦及以上电厂数据。

数据来源：中国电力企业联合会历年《电力工业统计资料汇编》。

表5－44　太阳能发电量国际比较

单位：亿千瓦时

国家/地区 \ 年份	2010	2011	2012	2013	2014	2014 占比（%）
世界	340.1	661.25	1035.24	1463.77	1981.79	100.0
OECD	324.96	616.4	921.21	1219.52	1553.58	78.4
非OECD	15.12	44.85	114.03	244.25	428.21	21.6
德国	117.29	195.99	263.8	310.1	360.56	18.2
中国	**7.01**	**26.1**	**63.59**	**154.77**	**292.29**	**14.7**
美国	39.42	62.15	101.45	158.72	246.03	12.4
日本	39.62	51.6	69.63	142.79	245.06	12.4
意大利	19.06	107.96	188.62	215.89	223.06	11.3
西班牙	71.86	94	119.68	130.97	136.73	6.9
法国	6.2	20.78	40.16	47.35	59.09	3.0
印度	1.13	8.27	20.99	34.33	49.09	2.5
澳大利亚	4.26	15.3	25.59	38.26	48.58	2.5
英国	0.41	2.44	13.52	19.89	40.5	2.0
希腊	1.58	6.1	16.94	36.48	37.92	1.9
比利时	5.6	11.69	21.48	26.44	28.83	1.5
韩国	7.72	9.17	11.03	16.05	25.57	1.3
捷克	6.16	21.82	21.49	20.33	21.23	1.1
泰国	0.2	0.95	4.93	10.8	13.85	0.7
以色列	0.7	1.92	3.69	4.94	8.4	0.4
奥地利	0.89	1.74	3.37	5.82	7.85	0.4
斯洛伐克	0.17	3.97	4.24	5.88	5.97	0.3
葡萄牙	2.11	2.8	3.93	4.79	6.27	0.3
乌克兰	0.01	0.3	3.33	5.7	4.29	0.2

数据来源：IEA，World Energy Statistics（2016 edition）．

表 5 –45　分地区太阳能发电量

单位：亿千瓦时

年份 地区	2010	2011	2012	2013	2014	2015
天　津	–	–	0.02	0.8	0.6	
河　北	–	–	1.1	6	16.3	
山　西	0.006	0.2	0.5	3	7.7	
内蒙古	0.1	1.7	6.2	25	57	
辽　宁	–	0.0001	0.16	–	1.4	
吉　林	–	–	0.03	–	1	
上　海	0.1	0.1	1.1	1	0.9	
江　苏	0.8	4.2	6	13	31.2	
浙　江	–	0.1	0.8	3	7.7	
安　徽	–	0.1	0.3	2	3.7	
福　建	–	0.02	0.13	–	1	
江　西	–	0.1	0.4	–	2.4	
山　东	0.4	0.7	1	4.5	6.8	
河　南	–	–	0.02	2	3.1	
湖　北	–	0.1	0.2	–	2.3	
湖　南	–	–	0.03	–	0.8	
广　东	–	0.03	0.07	–	3.5	
广　西	–	–	0.3	1	0.5	
海　南	0.04	0.25	0.5	1	1.9	
四　川	–	–	0.01	1	2.2	
云　南	0.3	0.3	0.9	4	6.4	
西　藏	0.4	0.8	1.4	3	2.4	
陕　西	–	0.3	0.8	2	5.6	
甘　肃	0.6	3.1	18.9	40	59.1	
青　海	1.4	14.5	28	58	75.5	
宁　夏	1.9	7.8	10.5	25	35.9	
新　疆	–	1.7	5.2	43	57.4	

数据来源：中国电力企业联合会历年《电力工业统计资料汇编》。

六、能源贸易

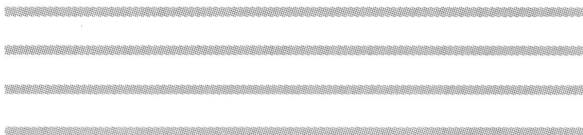

（一）综合能源贸易

表 6-1　能源进出口量

指标 年份	进口量（万吨标准煤）	出口量（万吨标准煤）	日均进口量（万吨标准煤/日）	日均出口量（万吨标准煤/日）	净进口量（万吨标准煤）	对外依存度（％）
2000	14327	9327	39	25	5000	3.5
2001	13469	11558	37	32	1911	1.3
2002	15767	11220	43	31	4547	2.8
2003	20002	12123	55	33	7879	4.2
2004	26480	11547	72	32	14933	6.8
2005	26823	11257	73	31	15566	6.4
2006	31098	10500	85	29	20598	7.8
2007	35027	9945	96	27	25082	8.7
2008	36935	9624	101	26	27311	9.0
2009	47518	8436	130	23	39082	12.0
2010	57671	8803	158	24	48868	13.5
2011	65437	8449	179	23	56988	14.3
2012	68701	7374	188	20	61326	14.9
2013	73420	8005	201	22	65416	15.4
2014	77325	8271	212	23	69054	16.0
2015	77451	9784	212	27	67667	15.4

注：净进口量＝进口量－出口量；对外依存度＝净进口量／（净进口量＋生产量）。

数据来源：国家统计局历年《中国能源统计年鉴》。

（二）煤炭贸易

表6-2 煤炭进出口量

年份 \ 指标	进口量（万吨）	出口量（万吨）	净进口量（万吨）	日均净进口量（万吨/天）	对外依存度（%）
2000	218	5506	-5289	-14.4	-
2001	266	9013	-8747	-24.0	-
2002	1126	8390	-7264	-19.9	-
2003	1110	9403	-8293	-22.7	-
2004	1861	8666	-6805	-18.6	-
2005	2622	7173	-4551	-12.5	-
2006	3822	6328	-2505	-6.9	-
2007	5160	5319	-159	-0.4	-
2008	4363	4558	-196	-0.5	-
2009	13188	2240	10948	30.0	3.4
2010	18307	1911	16396	44.9	4.6
2011	22236	1467	20769	56.9	5.2
2012	28841	927	27914	76.3	6.6
2013	32702	751	31951	87.5	7.4
2014	29122	574	28548	78.2	6.9
2015	20406	534	19873	54.4	5.0
2016	25551	878	24673	67.4	6.7

注：负值表示净出口；对外依存度 = 净进口量/（生产量 + 净进口量）。

数据来源：2000-2015 年数据来自国家统计局历年《中国能源统计年鉴》；2016 年数据来自海关总署海关统计资讯网 http://www.chinacustomsstat.com/.

表6-3 煤炭进出口额

年份＼指标	出口额（百万美元）	日均出口额（百万美元/日）	平均出口单价（美元/吨）	进口额（百万美元）	日均进口额（百万美元/日）	平均进口单价（美元/吨）
2000	1459	3.99	26.5	69	0.19	31.5
2001	2666	7.31	29.6	88	0.24	32.9
2002	2532	6.94	30.2	328	0.90	29.2
2003	2750	7.54	29.2	363	1.00	32.7
2004	3811	10.41	44.0	892	2.44	47.9
2005	4272	11.70	59.6	1383	3.79	52.8
2006	3681	10.08	58.2	1618	4.43	42.3
2007	3296	9.03	62.0	2422	6.63	46.9
2008	5240	14.32	115.0	3509	9.59	80.4
2009	2375	6.51	106.0	10574	28.97	80.2
2010	2252	6.17	117.9	16932	46.39	92.5
2011	2717	7.44	185.3	23890	65.45	107.4
2012	1588	4.34	171.2	28716	78.46	99.6
2013	1062	2.91	141.4	29066	79.63	88.9
2014	695	1.91	121.1	22257	60.98	76.4
2015	499	1.37	93.4	12101	33.15	59.3
2016	698	1.91	79.5	14151	38.66	55.4

数据来源：2000-2015年煤炭进出口额数据来自国家统计局网站 http：//data.stats.gov.cn/，2000-2015年煤炭进出口量数据来自国家统计局历年《中国能源统计年鉴》；2016年数据来自海关总署海关统计资讯网 http：//www.chinacustomsstat.com/.

表6-4 煤炭进出口国际比较

单位：万吨标准煤

国家/地区	产量	进口量	出口量	净进口量	对外依存度（%）
世界	3976142	842152	863139	-	-
OECD	976167	405604	361919	43685	4.3
非OECD	2999975	436548	501220	-64672	-
中国	**1889588**	**154477**	**10223**	**144254**	**7.1**
欧盟	150020	159828	37416	122412	44.9
日本	0	118844	352	118492	100.0
印度	253520	126921	559	126362	33.3
韩国	778	79523	0	79523	99.0
中国台湾	0	40507	48	40459	100.0
德国	44133	37196	1564	35632	44.7
英国	6793	26579	381	26198	79.4
土耳其	16202	19391	93	19298	54.4
巴西	3036	14652	0	14652	82.8
意大利	55	13144	237	12907	99.6
泰国	4622	13409	14	13395	74.3
法国	186	9190	36	9154	98.0
荷兰	0	28673	18866	9807	100.0
乌克兰	31861	10374	4915	5459	14.6
波兰	54034	6422	10643	-4221	-
越南	23340	1769	5938	-4169	-
朝鲜	18600	204	9955	-9751	-
蒙古	13186	0	9672	-9672	-
哈萨克斯坦	49940	737	13510	-12773	-
加拿大	34892	5445	20603	-15158	-
南非	147451	631	46209	-45578	-
哥伦比亚	57575	0	53720	-53720	-
美国	485031	6362	57196	-50834	-
俄罗斯	189743	15906	100176	-84270	-
澳大利亚	285440	126	242832	-242706	-
印尼	272258	1710	237915	-236205	-

注：本表数据为2014年数据；负值表示净出口；对外依存度＝净进口量/（产量＋净进口量）。

数据来源：IEA, World Energy Balances (2016 edition).

表6-5 分地区煤炭调入调出量

单位：万吨

地区\指标	原煤产量	调入量	调出量	进口量	出口量	净调入量	净调入比重（%）
北 京	450	1013	246	0	157	767	72.4
天 津	0	4016	1063	1186	74	2953	72.6
河 北	7437	22545	0	0	0	22545	75.2
山 西	96680	4918	21020	0	0	-16102	-16.7
内蒙古	90957	1003	52611	1403	118	-51608	-55.9
辽 宁	4752	9992	99	877	0	9893	63.7
吉 林	2634	7126	239	153	4	6887	71.2
黑龙江	6551	9508	1702	98	0	7806	54.0
上 海	0	5121	1696	446	0	3425	88.5
江 苏	1919	25975	4391	492	0	21584	90.0
浙 江	0	11852	0	1546	0	11852	88.5
安 徽	13404	6025	1295	0	0	4730	26.1
福 建	1591	4394	1015	2465	0	3379	45.4
江 西	2271	4675	194	202	0	4481	64.4
山 东	14220	27498	3304	1592	236	24194	60.8
河 南	13596	12618	99	0	0	12519	47.9
湖 北	860	9013	0	0	0	9013	91.3
湖 南	3559	6486	0	117	0	6486	63.8
广 东	0	14073	1619	3492	1	12454	78.1
广 西	425	4164	259	950	0	3905	74.0
海 南	0	95	0	981	0	95	8.8
重 庆	3562	2286	169	0	0	2117	37.3
四 川	6406	2418	132	0	0	2286	26.3
贵 州	17205	321	1000	0	0	-679	-3.9
云 南	5184	4456	815	0	0	3641	41.3
陕 西	52576	1464	29652	0	103	-28188	-53.7
甘 肃	4400	3730	1757	0	0	1973	31.0
青 海	816	703	10	0	0	693	45.9
宁 夏	7976	3210	1943	0	0	1267	13.7
新 疆	15221	214	1557	37	0	-1343	-8.8

注：本表数据为2015年数据；净调入量＝调入量－调出量，负值表示净调出量及净调出比重。对于净调入省份，净调入比重＝净调入量/（产量＋净调入量＋净进口量）；对于净调出省份，净调出比重＝净调出量/（产量＋净进口量）。

数据来源：国家统计局《中国能源统计年鉴2016》。

表6-6 煤炭铁路运输情况

指标 年份	铁路煤 货运量 （万吨）	占铁路 总货运 量比重 （%）	铁路煤货 运周转量 （亿吨公里）	占铁路货物 总周转量 比重（%）	平均 运距 （公里）
2000	68545	38.4	3806	27.6	555
2001	76625	39.7	4276	29.1	558
2002	81852	39.9	4639	29.6	567
2003	88132	39.3	5055	29.3	574
2004	99210	39.8	5713	29.6	576
2005	107082	39.8	6374	30.8	595
2006	112034	38.9	6728	30.6	601
2007	122081	38.8	7416	31.2	607
2008	134325	40.7	8360	33.3	622
2009	132720	39.8	8478	33.6	639
2010	156020	42.8	10016	36.2	642
2011	172126	43.8	11247	38.2	653
2012	168515	43.2	10874	37.3	645
2013	167946	42.3	10862	37.2	647
2014	164131	43.0	10596	38.5	646
2015	143221	42.7	8868	37.3	619

数据来源：国家统计局网站 http：//data. stats. gov. cn/.

（三）石油贸易

表 6－7　石油进出口量

指标 / 年份	进口量 （万吨）	出口量 （万吨）	净进口量 （万吨）	日均 净进口量 （万吨）	日均 净进口量 （万桶）	对外 依存度 （%）
2000	9748	2172	7576	20.7	152	31.7
2001	9118	2047	7071	19.4	142	30.1
2002	10269	2139	8130	22.3	163	32.7
2003	13190	2541	10649	29.2	214	38.6
2004	17291	2241	15051	41.1	301	46.1
2005	17163	2888	14275	39.1	287	44.0
2006	19453	2626	16827	46.1	338	47.7
2007	21139	2664	18475	50.6	371	49.8
2008	23015	2946	20070	54.8	402	51.3
2009	25642	3917	21726	59.5	436	53.4
2010	29437	4079	25358	69.5	509	55.5
2011	31594	4117	27477	75.3	552	57.5
2012	33089	3884	29205	79.8	585	58.5
2013	34265	4177	30088	82.4	604	58.9
2014	36180	4214	31966	87.6	642	60.2
2015	39749	5128	34620	94.9	695	61.7
2016	40885	5125	35760	97.7	716	64.2

注：石油对外依存度 = 石油净进口量／（原油产量 + 石油净进口量）；每吨按 7.33 桶折算。

数据来源：2000－2015 年数据来自国家统计局历年《中国能源统计年鉴》；2016 年数据根据海关总署发布的原油与成品油（海关的成品油统计范围比能源统计年鉴小）数据计算得到。

表6-8 石油进出口额

指标 年份	进口额 （亿美元）	出口额 （亿美元）	净进口额 （亿美元）	日均净进口额 （亿美元/日）
2000	185	43	143	0.39
2001	154	35	119	0.33
2002	166	37	129	0.35
2003	256	54	203	0.55
2004	432	53	379	1.03
2005	582	91	491	1.34
2006	820	98	722	1.98
2007	962	108	854	2.34
2008	1594	166	1427	3.90
2009	1062	147	915	2.51
2010	1575	187	1388	3.80
2011	2294	227	2067	5.66
2012	2539	235	2303	6.29
2013	2517	260	2257	6.18
2014	2517	263	2255	6.18
2015	1488	206	1281	3.51
2016	1276	203	1073	2.93

数据来源：根据海关总署网站原油进出口额与成品油进出口额数据计算得到。

表6-9 石油进出口量国际比较

单位：万吨

指标 国家/地区	原油 进口	石油制品 进口	原油 出口	石油制品 出口	原油 净进口	石油制品 净进口
美国	36602	9807	2446	19829	34157	-10022
加拿大	3272	2933	15936	3001	-12663	-69
墨西哥	†	3705	5981	816	-5981	2889
中南美洲	2013	9128	17242	2897	-15229	6231
欧洲	48806	18404	1016	12920	47790	5484
前苏联	286	195	25468	15014	-25182	-14819
中东	787	3711	87961	14132	-87175	-10421
北非	807	3267	6152	1899	-5345	1368
西非	46	2812	21547	624	-21501	2188
东南非洲	665	2236	845	155	-179	2081
澳洲	2445	2583	917	303	1528	2279
中国	33577	6953	283	3667	33293	3285
印度	19513	2335	15	5503	19498	-3169
日本	16782	4667	32	1736	16751	2931
新加坡	4571	12569	6	8874	4565	3695
其他亚太地区	25233	16335	3778	10364	21455	5971
世界	197722	102926	197722	102926	0	0

注：本表数据为2015年数据；†表示数值小于5；负值表示净出口。
数据来源：BP Statistical Review of World Energy 2016.

表 6 - 10　日均石油进出口量国际比较

单位：万桶

指标 国家/地区	原油 进口	石油制品 进口	原油 出口	石油制品 出口	原油 净进口	石油制品 净进口
美国	735.1	205.0	49.1	414.5	685.9	-209.5
加拿大	65.7	61.3	320.0	62.7	-254.3	-1.4
墨西哥	‡	77.4	120.1	17.1	-120.1	60.4
中南美洲	40.4	190.8	346.2	60.5	-305.8	130.3
欧洲	980.1	384.7	20.4	270.1	959.7	114.6
前苏联	5.7	4.1	511.5	313.9	-505.7	-309.8
中东	15.8	77.6	1766.5	295.4	-1750.7	-217.8
北非	16.2	68.3	123.5	39.7	-107.3	28.6
西非	0.9	58.8	432.7	13.0	-431.8	45.7
东南非洲	13.4	46.7	17.0	3.2	-3.6	43.5
澳洲	49.1	54.0	18.4	6.3	30.7	47.6
中国	674.3	145.3	5.7	76.7	668.6	68.7
印度	391.9	48.8	0.3	115.0	391.6	-66.2
日本	337.0	97.6	0.6	36.3	336.4	61.3
新加坡	91.8	262.8	0.1	185.5	91.7	77.2
其他亚太地区	506.7	341.5	75.9	216.6	430.9	124.8
世界	3970.7	2151.6	3970.7	2151.6	0.0	0.0

注：本表数据为 2015 年数据；‡ 表示数值小于 0.05；负值表示净出口。

数据来源：BP Statistical Review of World Energy 2016.

表6-11 分来源地区石油进口量

单位：万吨

指标 国家/地区	进口量 （万吨）	日均进口量 （万桶）	进口份额 （%）
合计	40529	811.7	100.0
中东	17385	348.2	42.9
西非	5239	104.9	12.9
拉丁美洲	4663	93.4	11.5
前苏联	4620	92.5	11.4
其他亚太	3807	76.3	9.4
新加坡	962	19.3	2.4
美国	900	18.0	2.2
东南非洲	827	16.6	2.0
欧洲	442	8.8	1.1
北非	387	7.8	1.0
澳洲	254	5.1	0.6
日本	212	4.2	0.5
墨西哥	109	2.2	0.3
印度	106	2.1	0.3
加拿大	57	1.1	0.1

注：本表数据为2015年中国从其他地区进口石油数据。其他亚太地区指除了中国、印度、日本、新加坡、澳大拉西亚以外的亚太地区。

数据来源：BP Statistical Review of World Energy 2016.

表 6－12　分地区石油调入调出量

单位：万吨

指标\地区	调入量	调出量	净调入量	净调入比重（%）
北　京	3416	2701	715	43.6
天　津	4175	7209	－3034	－65.4
河　北	1087	1049	38	2.2
山　西	772	－	772	100.0
内蒙古	881	－	881	100.3
辽　宁	5754	3871	1883	39.7
吉　林	674	398	277	29.3
黑龙江	－	3714	－3714	－64.7
上　海	8285	6834	1452	41.1
江　苏	4369	3797	572	18.3
浙　江	2859	2280	579	19.2
安　徽	1671	289	1382	97.1
福　建	221	269	－49	－2.2
江　西	612	162	450	44.5
山　东	2210	8480	－6270	－59.6
河　南	1840	355	1485	67.0
湖　北	2524	43	2480	97.2
湖　南	1638	－	1638	96.8
广　东	3083	1080	2003	35.5
广　西	2058	1487	571	46.5
海　南	52	501	－449	－50.9
重　庆	793	－	793	100.0
四　川	3009	－	3009	99.7
贵　州	835	－	835	100.0
云　南	1381	231	1150	100.0
西　藏	－	－	－	－
陕　西	87	2714	－2627	－70.3
甘　肃	666	596	70	7.9
青　海	111	87	25	9.9
宁　夏	851	635	216	94.2
新　疆	23	2541	－2519	－64.0

　　注：本表数据为2015年数据；负值表示净调出；对于净调入省份，净调入比重＝净调入量／（产量＋净进口量＋净调入量）；对于净调出省份，净调出比重＝净调出量／（产量＋净进口量）；净进口量＝进口量＋境内轮机境外加油量－出口量－境外轮机境内加油量。

　　数据来源：国家统计局《中国能源统计年鉴2016》。

表 6 – 13　原油进出口量及价格

指标 年份	进口量 （万吨）	出口量 （万吨）	净进口量 （万吨）	平均进口单价 （美元/桶）	对外依存 度（%）
2000	7027	1031	5996	29	26.9
2001	6026	755	5271	26	24.3
2002	6941	766	6175	25	27.0
2003	9102	813	8289	30	32.8
2004	12272	549	11723	38	40.0
2005	12682	807	11875	51	39.6
2006	14517	634	13883	62	42.9
2007	16316	389	15927	67	46.1
2008	17888	424	17464	99	47.8
2009	20365	507	19858	60	51.2
2010	23768	303	23465	78	53.6
2011	25378	252	25126	106	55.3
2012	27103	243	26860	111	56.4
2013	28174	162	28012	106	57.2
2014	30837	60	30777	101	59.3
2015	33548	287	33263	55	60.8
2016	38101	294	37807	42	65.4

　　注：平均进口单价 = 进口额/进口量，每吨按 7.33 桶折算；原油对外依存度 = 原油净进口量/（原油产量 + 原油净进口量）。

　　数据来源：海关总署网站 http://www.customs.gov.cn/.

表 6－14　分来源国别原油进口数量及金额

指标 国家/地区	进口量 （万吨）	进口额 （亿美元）	平均进口单价 （美元/桶）	数量份额 （％）
合计	38101	1164.7	42	100.0
俄罗斯	5248	168.7	44	13.8
沙特	5101	155.7	42	13.4
安哥拉	4374	138.5	43	11.5
伊拉克	3621	106.5	40	9.5
阿曼	3506	111.3	43	9.2
伊朗	3130	93.5	41	8.2
委内瑞拉	2016	45.5	31	5.3
巴西	1916	60.1	43	5.0
科威特	1218	48.3	40	3.2
阿联酋	1218	38.6	43	3.2
哥伦比亚	881	22.2	34	2.3
刚果（布）	694	21.3	42	1.8
南苏丹	536	14.7	37	1.4
英国	495	17.8	49	1.3
越南	427	15.1	48	1.1
澳大利亚	324	11.6	49	0.8
哈萨克斯坦	323	8.3	35	0.8
加蓬	318	10.5	45	0.8
印度尼西亚	285	9.3	45	0.7
加纳	256	9.2	49	0.7
其他国家	1800	58.0	44	4.7

注：本表数据为 2016 年数据；每吨按 7.33 桶折算。

数据来源：海关信息网 http：//www.haiguan.info/.

表6-15 成品油进出口量

单位：万吨

指标 年份	汽油		煤油		柴油	
	进口量	出口量	进口量	出口量	进口量	出口量
2000	0.0	467.7	322.5	256.3	51.9	77.5
2001	0.0	586.0	298.6	246.4	54.7	46.9
2002	-	630.4	324.3	240.9	78.7	144.7
2003	-	754.2	317.4	275.9	111.6	244.4
3004	-	540.7	421.0	331.5	303.9	86.7
2005	0.0	559.7	476.1	447.6	61.0	170.9
2006	6.1	350.5	731.7	584.4	80.7	102.6
2007	22.7	464.3	725.0	637.1	173.7	93.3
2008	198.7	203.4	836.8	706.5	633.1	89.1
2009	4.4	491.9	795.1	826.1	192.5	478.7
2010	0.0	517.0	726.1	870.5	190.2	490.2
2011	2.9	406.0	875.1	966.8	243.3	228.8
2012	0.5	291.7	877.3	1085.9	99.9	205.7
2013	0.0	468.7	945.2	1280.6	35.3	294.4
2014	3.4	507.5	721.0	1455.8	55.0	423.9
2015	17.0	589.3	716.4	1626.6	71.5	731.3
2016	21.0	969.0	349.0	1310.0	92.0	1540.0

数据来源：2000-2015年数据来自国家统计局历年《中国能源统计年鉴》；2016年数据来自海关总署网站 http：//www.customs.gov.cn/.

（四）天然气贸易

表6-16　天然气进出口量

单位：亿立方米

年份＼指标	进口量	出口量	净进口量	日均净进口量	对外依存度（％）
2000	–	31.4	–	–	–
2001	–	30.4	–	–	–
2002	–	32.0	–	–	–
2003	–	18.7	–	–	–
2004	–	24.4	–	–	–
2005	–	29.7	–	–	–
2006	9.5	29.0	-19.5	-0.05	–
2007	40.2	26.0	14.2	0.04	2.0
2008	46.0	32.5	13.5	0.04	1.7
2009	76.3	32.1	44.2	0.12	4.9
2010	164.7	40.3	124.4	0.34	11.5
2011	311.5	31.9	279.6	0.77	21.0
2012	420.6	28.9	391.7	1.07	26.2
2013	525.4	27.5	498.0	1.36	29.2
2014	591.3	26.1	565.2	1.55	30.3
2015	611.4	32.5	578.9	1.59	30.1
2016	745.7	33.8	711.9	1.95	34.2

注：2010年起包括液化天然气数据；对外依存度＝净进口量/（产量+净进口量）；1万吨LNG按0.138亿立方米天然气折算。

数据来源：2000－2015年数据来自国家统计局历年《中国能源统计年鉴》；2016年数据来自海关信息网http：//www.haiguan.info/.

表6-17　天然气进出口量国际比较

单位：亿立方米

指标 国家/地区	进口量	出口量	净进口量	日均 净进口量	对外依存 度（%）
世界	10424	10424	0	0.00	0.0
日本	1180	0	1180	3.23	-
德国	1040	290	750	2.06	91.3
中国	**598**	**0**	**598**	**1.64**	**30.2**
意大利	562	2	560	1.53	90.1
土耳其	472	6	466	1.28	-
韩国	437	3	434	1.19	-
法国	425	20	405	1.11	-
墨西哥	370	0	369	1.01	41.0
英国	418	136	282	0.77	41.5
美国	770	505	264	0.72	3.3
西班牙	283	20	262	0.72	-
乌克兰	162	0	162	0.44	48.2
荷兰	322	418	-96	-0.26	-28.6
特立尼达和多巴哥	0	170	-170	-0.47	-75.3
印尼	0	323	-323	-0.89	-75.8
阿尔及利亚	0	411	-411	-1.13	-98.3
加拿大	205	743	-539	-1.48	-49.2
挪威	0	1155	-1155	-3.16	-7033.0
卡塔尔	0	1261	-1261	-3.46	-228.1
俄罗斯	169	2075	-1906	-5.22	-49.8

注：本表数据为2015年数据；对外依存度＝净进口量/（产量+净进口量）；负值表示净出口。

数据来源：BP Statistical Review of World Energy2016.

表6-18 分地区天然气调入调出量

单位：亿立方米

指标 地区	调入量	调出量	净调入量	净调入比重 （%）
北　京	146.9	0.0	146.9	89.7
天　津	53.2	9.8	43.4	67.9
河　北	62.6	0.0	62.6	85.7
山　西	21.8	0.0	21.8	33.6
内蒙古	0.0	261.8	-261.8	103.7
辽　宁	10.3	0.0	10.3	18.6
吉　林	1.0	0.0	1.0	4.7
黑龙江	0.0	0.0	0.0	0.0
上　海	40.7	0.0	40.7	52.5
江　苏	175.4	31.3	144.1	87.0
浙　江	80.4	0.0	80.4	100.0
安　徽	34.8	0.0	34.8	100.0
福　建	0.0	0.0	0.0	0.0
江　西	17.6	0.0	17.6	98.1
山　东	75.8	19.7	56.0	68.0
河　南	74.6	0.0	74.6	94.7
湖　北	43.3	4.6	38.7	96.6
湖　南	26.5	0.0	26.5	100.0
广　东	15.3	20.2	-4.9	-4.0
广　西	8.7	0.5	8.2	98.1
海　南	43.0	1.8	41.2	89.5
重　庆	36.3	17.2	19.1	36.4
四　川	28.9	125.2	-96.2	-56.3
贵　州	12.4	0.0	12.4	93.0
云　南	8.0	1.7	6.3	100.0
西　藏	-	-	-	-
陕　西	0.0	333.4	-333.4	-404.0
甘　肃	24.8	0.0	24.8	99.7
青　海	0.0	17.0	-17.0	-38.2
宁　夏	22.3	1.5	20.8	100.0
新　疆	0.0	365.2	-365.2	-250.4

注：本表数据为2015年数据；1万吨LNG折合0.138亿立方米天然气；负值表示净调出；对于净调入省份，净调入比重＝净调入量/（产量＋净进口量＋净调入量）；对于净调出省份，净调出比重＝净调出量/（产量＋净进口量）；净进口量＝进口量－出口量。

数据来源：国家统计局《中国能源统计年鉴2016》。

表6-19　分来源国别天然气进口数量及金额

指标 国家/地区	进口量 （亿立方米）	进口额 （亿美元）	平均进口单价 （美元/立方米）	数量份额 （%）
合计	745.68	164.89	0.22	100.0
土库曼斯坦	298.56	54.81	0.18	40.0
澳大利亚	165.28	37.48	0.23	22.2
卡塔尔	68.57	20.85	0.30	9.2
乌兹别克斯坦	43.68	6.90	0.16	5.9
缅甸	39.48	13.27	0.34	5.3
印度尼西亚	38.49	9.01	0.23	5.2
马来西亚	35.71	8.25	0.23	4.8
巴布亚新几内亚	29.38	7.52	0.26	3.9
哈萨克斯坦	4.34	0.56	0.13	0.6
尼日利亚	3.69	0.94	0.26	0.5
俄罗斯	3.54	0.84	0.24	0.5
秘鲁	3.43	1.09	0.32	0.5
美国	2.74	0.77	0.28	0.4
挪威	2.64	0.73	0.28	0.4
新加坡	1.61	0.50	0.31	0.2
特立尼达和多巴哥	1.59	0.48	0.30	0.2
埃及	0.93	0.25	0.27	0.1
阿曼	0.84	0.24	0.29	0.1
文莱	0.83	0.32	0.39	0.1
比利时	0.35	0.08	0.23	0.0

　　注：本表数据为2016年数据；1万吨天然气折合0.138亿立方米天然气。

　　数据来源：海关信息网 http：//www. haiguan. info/.

表6-20　分来源国别管道天然气进口数量及金额

指标 国家/地区	进口量 （亿立方米）	进口额 （亿美元）	平均进口单价 （美元/立方米）	数量份额 （％）
合计	386.05	75.54	0.20	100.0
土库曼斯坦	298.56	54.81	0.18	77.3
乌兹别克斯坦	43.68	6.90	0.16	11.3
缅甸	39.48	13.27	0.34	10.2
哈萨克斯坦	4.34	0.56	0.13	1.1

注：本表数据为2016年数据；1万吨天然气折合0.138亿立方米天然气。

数据来源：海关信息网 http：//www.haiguan.info/.

表6-21　分来源国别液化天然气进口数量及金额

指标 国家/地区	进口量		进口额 （亿美元）	平均进口单价		数量份额 （％）
	（万吨）	（亿立方米）		（美元/吨）	（美元/立方米）	
合计	2606	359.63	89.35	343	0.25	100.0
澳大利亚	1198	165.28	37.48	313	0.23	46.0
卡塔尔	497	68.57	20.85	420	0.30	19.1
印度尼西亚	279	38.49	9.01	323	0.23	10.7
马来西亚	259	35.71	8.25	319	0.23	9.9
巴布亚新几内亚	213	29.38	7.52	353	0.26	8.2
尼日利亚	27	3.69	0.94	353	0.26	1.0
俄罗斯	26	3.54	0.84	328	0.24	1.0
秘鲁	25	3.43	1.09	438	0.32	1.0
美国	20	2.74	0.77	390	0.28	0.8
挪威	19	2.64	0.73	381	0.28	0.7
新加坡	12	1.61	0.50	425	0.31	0.4
特立尼达和多巴哥	12	1.59	0.48	413	0.30	0.4
埃及	7	0.93	0.25	367	0.27	0.3
阿曼	6	0.84	0.24	398	0.29	0.2
文莱	6	0.83	0.32	533	0.39	0.2
比利时	3	0.35	0.08	313	0.23	0.1

注：本表数据为2016年数据；1万吨天然气折合0.138亿立方米天然气。

数据来源：海关信息网 http：//www.haiguan.info/.

（五）电力贸易

表 6-22　电力进出口量

指标 年份	进口量 （亿千 瓦时）	日均 进口量 （亿千瓦 时／日）	出口量 （亿千 瓦时）	日均 出口量 （亿千 瓦时／日）	净出口量 （亿千 瓦时）	日均 净出口量 （亿千瓦 时／日）
2006	53.9	0.15	122.7	0.34	68.8	0.19
2007	42.5	0.12	145.7	0.40	103.2	0.28
2008	38.4	0.10	166.4	0.46	128.0	0.35
2009	60.1	0.16	173.9	0.48	113.8	0.31
2010	53.0	0.15	190.9	0.52	137.9	0.38
2011	65.6	0.18	193.1	0.53	127.5	0.35
2012	68.7	0.19	176.5	0.48	107.8	0.29
2013	75.0	0.21	187.0	0.51	112.0	0.31
2014	60.7	0.17	183.9	0.50	123.2	0.34
2015	58.9	0.16	194.4	0.53	135.5	0.37

数据来源：中国电力企业联合会历年《电力工业统计资料汇编》。

表6-23 电力进出口量国际比较

指标 国家/地区	进口量 (亿千瓦时)	日均 进口量 (亿千瓦时/日)	出口量 (亿千瓦时)	日均 出口量 (亿千瓦时/日)	净出口量 (亿千瓦时)	日均 净出口量 (亿千瓦时/日)
OECD	4793	13.13	4747	13.01	46	0.13
非OECD	2385	6.53	2153	5.90	231	0.63
美国	665	1.82	133	0.36	532	1.46
意大利	467	1.28	30	0.08	437	1.20
巴西	338	0.93	0	0.00	338	0.93
荷兰	329	0.90	181	0.50	147	0.40
芬兰	216	0.59	37	0.10	180	0.49
英国	232	0.64	27	0.07	205	0.56
匈牙利	191	0.52	57	0.16	134	0.37
泰国	123	0.34	16	0.04	107	0.29
比利时	218	0.60	42	0.11	176	0.48
中国香港	103	0.28	12	0.03	91	0.25
伊拉克	123	0.34	0	0.00	123	0.34
挪威	63	0.17	219	0.60	-156	-0.43
西班牙	123	0.34	157	0.43	-34	-0.09
瑞典	139	0.38	295	0.81	-156	-0.43
乌克兰	1	0.00	85	0.23	-84	-0.23
中国	**68**	**0.18**	**182**	**0.50**	**-114**	**-0.31**
俄罗斯	66	0.18	147	0.40	-80	-0.22
捷克	118	0.32	281	0.77	-163	-0.45
德国	404	1.11	743	2.04	-339	-0.93
巴拉圭	0	0.00	414	1.13	-414	-1.13
法国	79	0.22	751	2.06	-672	-1.84
加拿大	128	0.35	584	1.60	-456	-1.25

注：本表数据为2014年数据；负值表示净出口。

数据来源：IEA，World Energy Statistics (2016 edition).

表6–24 分地区电力调入调出量

单位：亿千瓦时

指标 地区	发电量	调入量	调出量	进口量	出口量	净调入量	净调入比重（％）
北 京	421	537	5	—	—	532	55.8
天 津	623	209	1	—	—	208	25.0
河 北	2498	681	0	—	—	681	21.4
山 西	2449	24	744	—	—	− 720	− 41.6
内蒙古	3929	16	1385	—	11	− 1369	− 53.5
辽 宁	1665	576	211	—	—	365	18.0
吉 林	731	148	200	—	—	− 52	− 7.7
黑龙江	874	0.5	140	118	4	− 139.5	− 19.0
上 海	793	647	63	—	—	584	42.4
江 苏	4361	806	117	—	—	689	13.6
浙 江	3011	631	88	—	—	543	15.3
安 徽	2062	5	427	—	—	− 422	− 25.7
福 建	1901	2	33	—	—	− 31	− 1.7
江 西	982	105	0	—	—	105	9.7
山 东	4685	498	0	—	—	498	9.6
河 南	2625	598	58	—	—	540	17.1
湖 北	2341	336	775	—	—	− 439	− 23.1
湖 南	1314	294	87	—	—	207	13.6
广 东	4035	1426	0	12	162	1426	26.1
广 西	1300	136	121	—	—	15	1.1
海 南	261	10	0.4	—	—	9.6	3.5
重 庆	680	260	29	—	—	231	25.4
四 川	3130	51	1267	—	—	− 1216	− 63.5
贵 州	1815	0	756	—	—	− 756	− 71.4
云 南	2553	0.3	1109	14	20	− 1108.7	− 76.8
陕 西	1623	0	401	—	—	− 401	− 32.8
甘 肃	1242	115	244	—	—	− 129	− 11.6
青 海	566	111	29	—	—	82	12.7
宁 夏	1155	47	334	—	—	− 287	− 33.1
新 疆	2479	0	288	—	—	− 288	− 13.1

注：本表数据为2015年数据；净调入量 = 调入量 − 调出量，负值表示净调出量及净调出比重；对于净调入省份，净调入比重 = 净调入量/（产量 + 净调入量 + 净进口量）；对于净调出省份，净调出比重 = 净调出量/（产量 + 净进口量）。

数据来源：国家统计局《中国能源统计年鉴2016》。

七、能源库存

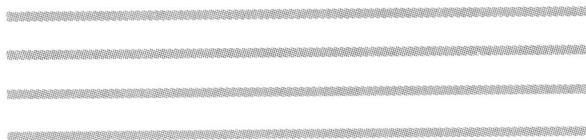

（一）煤炭库存

表 7 - 1　全社会煤炭库存及可用天数

年份	全社会煤炭库存（万吨）	煤炭库存变化（万吨）	可用天数（天）
2000	14200	- 1235	38.3
2001	11516	79	29.4
2002	11757	869	27.9
2003	10937	2495	21.7
2004	10351	- 162	17.8
2005	13974	3545	21.0
2006	14448	6999	19.5
2007	14905	6595	18.7
2008	19065	4610	23.2
2009	15251	- 944	17.1
2010	20631	- 3663	21.6
2011	31335	- 4155	29.4
2012	34700	- 3772	30.8
2013	-	- 4368	-
2014	33717	- 4106	29.9
2015	35056	2547	32.2
2016	14583		14.1

注：全社会库存为年末值；库存可用天数 = 年末库存数/当年日均煤炭消费量；煤炭库存变化数据负值表示库存增加，正值表示库存减少。

数据来源：全社会煤炭库存数据来自中国煤炭资源网 http：//www. sxcoal. com/，国家煤矿安全监察局网站 http：//www. chinacoal - safety. gov. cn/；煤炭库存变化数据来自国家统计局历年《中国能源统计年鉴》。

表7-2 全国重点煤矿库存

单位：万吨

年份 地区	2010	2011	2012	2013	2014	2015	2016	2016 占比 （%）
全国合计	2330	2810	3605	3855	4808	5575	3781	100.0
山　西	524	535	494	866	1149	1105	725	19.2
宁　夏	98	96	373	344	428	932	949	25.1
河　南	170	375	342	369	662	930	298	7.9
甘　肃	62	93	287	196	365	405	264	7.0
内蒙古	96	100	205	165	169	276	75	2.0
陕　西	43	52	63	72	206	216	72	1.9
新　疆	36	298	392	195	145	198	183	4.8
黑龙江	44	44	46	109	99	166	80	2.1
山　东	105	110	68	134	155	131	142	3.8
河　北	177	201	181	275	105	105	141	3.7
贵　州	123	127	180	141	105	99	51	1.3
四　川	5	6	10	10	3	99	9	0.2
安　徽	119	130	187	174	267	97	70	1.9
江　苏	61	63	12	17	14	83	5	0.1
吉　林	75	112	107	103	67	82	54	1.4
北　京	47	42	53	60	92	60	87	2.3
江　西	1	1	5	8	12	21	2	0.1
辽　宁	21	33	27	22	10	20	9	0.2
重　庆	6	8	4	4	5	18	3	0.1
云　南	16	17	5	5	5	5	4	0.1
湖　南	14	4	3	3	28	0	15	0.4

注：本表数据为年末库存数；2011年数据为2011年11月末库存数。

数据来源：中国煤炭资源网 http://www.sxcoal.com/.

表7-3 主要港口煤炭库存

单位：万吨

港口 时间	全国	北方 七港	秦皇 岛港	天津港	黄骅港	主要港 口外贸
2010 年 3 月	1877	1716	790	228	57	47
2010 年 6 月	1923	1627	566	304	45	64
2010 年 9 月	2134	1883	649	351	147	38
2010 年 12 月	2373	2019	701	413	103	518
2011 年 3 月	2190	1864	733	311	75	53
2011 年 6 月	2395	1855	745	372	76	360
2011 年 9 月	2322	1501	455	265	104	380
2011 年 12 月	3008	1915	645	307	101	706
2012 年 3 月	3243	2436	660	375	144	987
2012 年 6 月	4249	2357	858	499	138	1082
2012 年 9 月	3671	2484	601	389	120	885
2012 年 12 月	4005	2595	627	424	146	1065
2013 年 3 月	4499	3011	739	468	193	1143
2013 年 6 月	4901	3198	671	552	197	1235
2013 年 9 月	4015	2598	613	322	131	1242
2013 年 12 月	3443	2357	508	367	164	1328
2014 年 3 月	4019	2760	575	404	144	1179
2014 年 6 月	4674	3235	743	544	226	1108
2014 年 9 月	4158	2773	617	413	165	828
2014 年 12 月	4219	2856	684	371	215	937
2015 年 3 月	4955	3448	807	496	191	862
2015 年 6 月	3515	2315	646	407	258	984
2015 年 9 月	3527	2322	631	471	203	656
2015 年 12 月	2556	1477	331	330	213	623

注：本表数据为月末库存数。

数据来源：中国煤炭市场网 http：//www.cctd.com.cn/.

表 7-4　全国重点发电企业煤炭库存

单位：万吨

地区　时间	全国	华北地区	华中地区	华东地区	南方地区	西北地区	东北地区
2010 年 3 月	4309	1296	584	931	646	310	542
2010 年 6 月	5780	1499	1372	1175	765	403	566
2010 年 9 月	6059	1505	1456	860	1051	573	615
2010 年 12 月	5607	1794	877	857	1050	441	587
2011 年 3 月	5071	1791	749	892	704	269	667
2011 年 6 月	6536	2065	1298	1422	694	415	642
2011 年 9 月	6455	1659	1329	1486	708	603	671
2011 年 12 月	8165	2288	1804	1573	1092	676	731
2012 年 3 月	7668	2237	1571	1588	847	694	732
2012 年 6 月	9125	2460	2183	1801	1182	787	712
2012 年 9 月	9032	2266	2174	1524	1447	841	780
2012 年 12 月	8113	2000	1729	1409	1510	835	630
2013 年 3 月	7394	2091	1637	1364	1103	621	578
2013 年 6 月	7398	2139	1741	1424	1015	616	463
2013 年 9 月	7330	2106	1610	1150	1068	754	637
2013 年 12 月	8158	2469	1842	1200	1107	881	662
2014 年 3 月	6960	2008	1415	1270	1054	598	601
2014 年 6 月	7906	2006	2049	1519	1182	627	523
2014 年 9 月	8652	2099	2169	1402	1255	1004	623
2014 年 12 月	9455	2569	2153	1419	1404	1190	719
2015 年 3 月	6281	1637	1236	1109	1122	598	579
2015 年 6 月	6541	1620	1604	1269	1025	543	479
2015 年 9 月	6919	1841	1510	1203	1118	669	578
2015 年 12 月	7358	1758	1568	1221	1251	898	663
2016 年 3 月	5877	1384	1145	1125	1071	574	577
2016 年 6 月	5458	1252	1093	1171	967	446	531
2016 年 9 月	5700	1400	915	1220	810	670	685
2016 年 12 月	6546	1951	1273	1204	666	930	523

注：本表数据为月末库存数。

数据来源：中国煤炭资源网 http：//www. sxcoal. com/.

（二）石油库存

表7-5 石油库存变化

单位：万吨

年份 \\ 品种	石油	原油	汽油	煤油	柴油
2000	-1245.0	-912.9	-162.5	-57.6	-247.6
2001	-261.5	-129.7	38.1	52.7	-221.4
2002	94.9	-105.2	59.3	5.3	82.2
2003	-28.2	-61.6	35.7	17.7	67.5
2004	-522.6	-297.9	-27.4	2.7	-112.4
2005	128.8	78.8	-18.6	35.0	-7.7
2006	-373.3	-111.1	-7.5	-4.9	95.6
2007	-458.0	-524.4	42.9	-2.0	54.7
2008	-1795.0	-1010.1	-194.9	1.3	-410.0
2009	-1981.9	-676.5	-651.4	-1.1	-234.3
2010	-1481.2	-890.0	70.8	-12.3	77.5
2011	-2105.0	-1453.0	-117.0	-9.0	-78.0
2012	-2087.6	-922.6	-520.3	3.7	8.9
2013	-1086.1	-333.4	4.2	0.6	89.4
2014	-1246.8	-375.7	-755.0	-9.7	-93.7
2015	-888.1	-623.8	-146.3	-15.8	5.5

注：负值表示库存增加。

数据来源：国家统计局历年《中国能源统计年鉴》。

表7-6 分地区石油库存变化

单位：万吨

地区＼年份	2010	2011	2012	2013	2014	2015
全　国	-1481.2	-2105.0	-2087.6	-1086.1	-1246.8	-888.1
地区加总	-250.3	18.2	-71.9	-104.1	-52.2	-728.0
北　京	6.1	27.6	-4.7	-2.8	36.2	-56.7
天　津	0.8	5.9	-22.5	12.3	-10.0	123.6
河　北	-13.7	-15.5	-9.0	55.5	-62.3	-43.3
山　西	-9.5	-2.7	4.8	1.7	0.5	2.8
内蒙古	4.0	-14.1	5.6	10.7	-1.6	-9.3
辽　宁	-39.8	-17.8	-27.0	115.0	2.9	-272.6
吉　林	-6.1	-5.5	4.6	5.3	11.0	6.4
黑龙江	-9.6	-14.8	-11.5	0.0	-0.6	7.1
上　海	-19.9	-2.2	8.0	7.6	-49.1	-73.1
江　苏	-102.0	70.6	40.1	3.2	-20.1	-38.0
浙　江	-49.3	32.6	4.4	-41.3	34.9	-48.1
安　徽	10.4	-15.2	9.0	-12.5	-6.4	-16.3
福　建	19.2	4.8	-1.6	-36.0	-50.2	-22.9
江　西	-0.2	-11.4	3.8	2.5	7.2	6.0
山　东	-41.0	27.8	14.7	-132.5	-46.2	-208.1
河　南	-6.7	57.2	-29.3	-12.5	78.7	-114.5
湖　北	37.6	26.6	13.7	-5.8	-5.3	-0.2
湖　南	-12.5	22.8	2.6	1.8	-33.8	42.4
广　东	21.3	-62.1	30.4	0.1	-74.5	-20.9
广　西	-56.2	19.2	-20.5	70.5	-11.7	1.5
海　南	3.8	-7.9	4.2	1.4	1.6	19.8
重　庆	7.4	-0.1	0.1	0.7	0.5	-0.1
四　川	-11.4	3.6	8.3	-22.4	-37.5	10.1
贵　州	4.3	-32.3	14.2	-10.7	13.1	7.4
云　南	-2.1	-7.9	-5.6	6.7	-10.7	-41.8
西　藏	-	-	-	-	-	-
陕　西	-16.1	-35.2	3.6	39.8	-12.5	12.4
甘　肃	38.1	-7.0	-37.1	-2.7	-41.3	-2.9
青　海	5.5	-9.6	4.6	0.2	0.9	14.0
宁　夏	-13.4	-6.3	-20.6	-0.1	-11.2	-19.1
新　疆	0.6	-12.7	-59.0	-159.9	245.5	6.3

注：负值表示库存增加。

数据来源：国家统计局历年《中国能源统计年鉴》。

表7-7　建成战略石油储备

阶段	基地	建成时间	库容（万立方米）	库容（万桶）	库容（万吨）	库容类型
一	浙江镇海	2006 年	520	3270	378	地面库
	山东黄岛	2007 年	320	2013	250	地面库
	辽宁大连	2008 年	300	1887	217	地面库
	浙江舟山	2008 年	500	3145	398	地面库
累计建成			1640	10314	1243	
二	新疆独山子	2012 年	300	1887	–	地面库
	甘肃兰州	2012 年	300	1887	–	地面库
	天津	2013 年	320	2013	–	地面库
	山东黄岛	2014 年	300	1887	–	地下库
累计建成			2860	17987	3197	

注：本表数据为截至 2016 年初数据；1 桶按 0.159 立方米折算。

数据来源：国家统计局网站 http：//data. stats. gov. cn/.

表7-8　OECD 石油库存

单位：亿吨

时间	石油	原油	石油制品
2015 年	5.55	3.32	2.22
2016 年一季度	5.61	3.36	2.25
2016 年二季度	5.62	3.37	2.25
2015 年三季度	5.62	3.34	2.28
2016 年 11 月	5.58	3.35	2.23

注：原油指常规原油、天然气液以及炼厂给料（包括非原油给料）。

数据来源：IEA, Monthly Oil Statistics.

八、能源价格

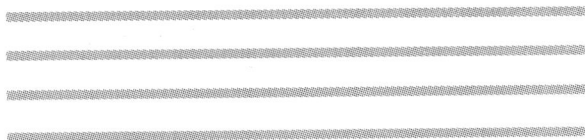

（一）煤炭价格

表 8-1　中国太原煤炭交易价格指数（CTPI）

单位：元/吨

时间 指标	Q5500 动力煤	S≤1 主焦煤	1<S≤2 主焦煤	G≥85 S≤1.3 肥煤	V12-14 喷吹煤	Q≥6000 无烟中块
2014 年 7 月	413	860	852	937	670	893
2014 年 8 月	413	849	836	910	651	867
2014 年 9 月	413	849	836	910	651	842
2014 年 10 月	413	853	841	912	653	846
2014 年 11 月	413	857	844	912	654	847
2014 年 12 月	415	857	844	912	654	848
2015 年 1 月	413	851	836	912	654	848
2015 年 2 月	399	848	835	907	654	848
2015 年 3 月	387	845	833	901	642	841
2015 年 4 月	413	851	836	912	654	848
2015 年 5 月	361	742	739	782	603	810
2015 年 6 月	361	742	739	782	603	810
2015 年 7 月	361	716	714	771	567	810
2015 年 8 月	328	694	692	747	556	753
2015 年 9 月	316	687	681	742	549	753
2015 年 10 月	302	673	665	724	519	753
2015 年 11 月	286	649	648	675	492	755
2015 年 12 月	283	633	635	665	491	744

注：Q5500 表示低位发热量为 5500 大卡/千克的动力煤标准品；S 表示煤炭中含硫量的百分比；V 表示煤炭中挥发分所占百分比；G 表示粘结指数。2015 年 12 月数据为 12 月 28 日价格。

数据来源：中国太原煤炭交易中心网站 http://www.ctctc.cn/.

表 8－2　环渤海动力煤价格指数（BSPI）

单位：元/吨

时间 \ 指标	环渤海动力煤价格指数	秦皇岛港			
		5800 大卡	5500 大卡	5000 大卡	4500 大卡
2011 年 3 月	773	825 － 835	770 － 780	675 － 685	580 － 590
2011 年 6 月	843	890 － 900	840 － 850	745 － 755	650 － 660
2011 年 9 月	832	885 － 895	830 － 840	725 － 735	635 － 645
2011 年 12 月	808	855 － 865	800 － 810	695 － 705	600 － 610
2012 年 3 月	777	825 － 835	770 － 780	670 － 680	570 － 580
2012 年 6 月	702	775 － 785	685 － 695	580 － 590	495 － 505
2012 年 9 月	635	670 － 680	630 － 640	545 － 555	450 － 460
2012 年 12 月	634	665 － 675	630 － 640	540 － 550	450 － 460
2013 年 3 月	618	655 － 665	615 － 625	525 － 535	430 － 440
2013 年 6 月	603	630 － 640	595 － 605	505 － 515	420 － 430
2013 年 9 月	531	575 － 585	525 － 535	440 － 450	385 － 395
2013 年 12 月	631	655 － 665	630 － 640	585 － 595	485 － 495
2014 年 3 月	530	570 － 580	525 － 535	450 － 460	400 － 410
2014 年 6 月	528	560 － 570	520 － 530	455 － 465	405 － 415
2014 年 9 月	482	520 － 530	475 － 485	420 － 430	375 － 385
2014 年 12 月	525	555 － 565	520 － 530	450 － 460	415 － 425
2015 年 3 月	473	505 － 515	465 － 475	395 － 405	360 － 370
2015 年 6 月	418	470 － 480	410 － 420	360 － 370	325 － 335
2015 年 9 月	396	435 － 445	390 － 400	340 － 350	310 － 320
2015 年 12 月	372	410 － 420	365 － 375	325 － 335	295 － 305

注：本表数据为月末环指价格。

数据来源：秦皇岛煤炭网 http://osc.cqcoal.com/.

表8－3　国际煤炭价格国际比较（一）

单位：美元/吨

指标 时间	理查兹港	纽卡斯尔港	欧洲三港	印尼煤炭 销售基准价
2010 年 3 月	81.68	94.84	73.66	－
2010 年 6 月	90.68	97.31	91.14	－
2010 年 9 月	84.14	94.89	93.77	90.05
2010 年 12 月	126.85	128.5	131.05	103.41
2011 年 3 月	122.48	123.89	128.98	122.43
2011 年 6 月	115.8	121.17	121.12	119.03
2011 年 9 月	114.39	122.54	121.34	116.26
2011 年 12 月	106.57	115.47	112.39	112.67
2012 年 3 月	103.79	107.04	98.14	112.87
2012 年 6 月	88.02	89.22	89.66	96.65
2012 年 9 月	84.09	85.06	86.08	86.21
2012 年 12 月	90.5	92.25	89.5	81.75
2013 年 3 月	81.02	89.89	79.53	90.09
2013 年 6 月	74.25	78.89	73.89	84.87
2013 年 9 月	76.04	79.59	81.84	76.89
2013 年 12 月	85.17	86.3	82.97	80.31
2014 年 3 月	73.1	74.07	75.61	77.01
2014 年 6 月	73.92	70.89	71.79	73.64
2014 年 9 月	67.19	65.83	73.92	69.69
2014 年 12 月	65.11	64.81	69.01	64.65
2015 年 3 月	59.48	59.6	59.23	67.76
2015 年 6 月	59.47	61.66	59.39	59.59
2015 年 9 月	50.74	56.72	52.97	58.21
2015 年 12 月	49.3	50.49	48.21	53.51
2016 年 3 月	53.05	53.54	45.57	51.62
2016 年 6 月	58.84	53.92	53.89	51.81
2016 年 9 月	71.85	78.95	68.96	63.93
2016 年 12 月	86.50	94.44	95.69	101.69

注：理查兹港、纽卡斯尔港与欧洲三港数据为月末价格；印尼煤炭销售基准价为当月价格。

数据来源：中国煤炭资源网 http：//www.sxcoal.com/.

表8-4 煤炭价格国际比较 (二)

单位：美元/吨

指标年份	西北欧标杆价格	美国中部阿巴拉契煤炭现货价格指数	日本炼焦煤进口到岸价	日本动力煤进口到岸价	亚洲标杆价格
2000	35.99	29.90	39.69	34.58	31.76
2001	39.03	50.15	41.33	37.96	36.89
2002	31.65	33.20	42.01	36.90	30.41
2003	43.60	38.52	41.57	34.74	36.53
2004	72.08	64.90	60.96	51.34	72.42
2005	60.54	70.12	89.33	62.91	61.84
2006	64.11	62.96	93.46	63.04	56.47
2007	88.79	51.16	88.24	69.86	84.57
2008	147.67	118.79	179.03	122.81	148.06
2009	70.66	68.08	167.82	110.11	78.81
2010	92.50	71.63	158.95	105.19	105.43
2011	121.52	87.38	229.12	136.21	125.74
2012	92.50	72.06	191.46	133.61	105.50
2013	81.69	71.39	140.45	111.16	90.90
2014	75.38	69.00	114.41	97.65	77.89
2015	56.64	53.59	93.85	79.47	63.52

数据来源：BP Statistical Review of World Energy 2016.

（二）石油价格

表8-5 原油离岸价格国际比较

单位：美元/桶

品种 时间	WTI 现货	WTI 期货	Brent 现货	Brent 期货	迪拜 现货	辛塔 现货	大庆 现货
2015/01	47.22	47.33	47.76	49.76	45.60	44.83	43.16
2015/02	50.58	50.72	58.10	58.80	55.44	53.96	52.60
2015/03	47.82	47.85	55.89	56.94	54.66	52.57	51.20
2015/04	54.45	54.63	59.52	61.14	58.55	56.30	55.27
2015/05	59.27	59.37	64.08	65.61	63.57	61.10	59.87
2015/06	59.82	59.37	61.48	65.61	61.80	58.27	57.24
2015/07	50.90	50.93	56.56	56.76	56.00	49.82	49.00
2015/08	42.87	42.89	46.52	48.21	47.74	40.38	39.60
2015/09	45.48	45.47	47.62	48.54	45.39	40.74	39.75
2015/10	46.22	46.29	48.43	49.29	45.85	41.11	40.00
2015/11	42.44	42.92	44.27	45.93	41.71	38.09	37.41
2015/12	37.19	37.33	38.01	38.90	34.60	31.80	30.53
2016/01	31.68	31.78	30.70	31.93	26.82	25.18	23.68
2016/02	30.32	30.62	32.18	33.53	29.31	27.36	25.77
2016/03	37.55	37.96	38.21	39.79	35.15	32.59	30.72
2016/04	40.75	41.12	41.58	43.34	39.04	35.69	33.76
2016/05	46.71	46.80	46.74	47.53	44.28	40.22	42.78
2016/06	48.76	48.85	48.25	49.93	46.26	42.51	41.91
2016/07	44.65	44.80	44.95	46.53	42.47	39.11	37.42
2016/08	44.72	44.80	45.84	47.16	43.71	40.12	38.79
2016/09	45.18	45.23	46.57	47.29	43.34	40.97	39.72
2016/10	49.78	49.94	49.52	51.37	48.99	44.98	43.86
2016/11	45.66	45.76	44.73	47.08	43.87	41.38	40.78
2016/12	51.97	52.17	53.29	54.95	52.10	50.21	49.65

数据来源：WTI现货、Brent现货数据来自EIA网站；WTI期货、Brent期货月均数据根据日度数据计算得到；迪拜现货、辛塔现货、大庆现货数据来自凤凰网 http://app.finance.ifeng.com/.

表 8 -6　原油到岸价格国际比较

单位：美元/桶

国家 时间	法国	德国	意大利	西班牙	英国	日本	加拿大	美国	加权 平均
2015 - 01	51.58	49.90	49.96	50.05	51.61	59.60	55.27	46.50	50.90
2015 - 02	55.43	56.89	55.53	50.23	55.14	49.01	52.90	45.69	50.10
2015 - 03	57.89	56.32	57.76	53.00	57.86	55.78	55.39	46.53	52.64
2015 - 04	59.89	59.06	58.07	55.14	59.39	56.85	58.11	49.90	54.67
2015 - 05	63.59	63.74	62.59	58.95	65.28	60.92	61.71	56.22	59.86
2015 - 06	61.48	62.11	62.20	58.67	62.63	64.93	61.57	57.52	60.51
2015 - 07	57.36	57.20	56.60	54.60	58.40	62.48	58.69	52.44	56.30
2015 - 08	50.72	48.05	48.87	46.49	49.59	56.47	51.89	43.63	48.30
2015 - 09	47.76	47.32	46.68	43.56	47.89	49.24	46.95	39.71	44.45
2015 - 10	48.67	47.38	47.51	45.85	49.14	47.23	46.75	41.07	44.94
2015 - 11	45.95	44.09	43.93	42.66	45.67	46.50	46.36	38.75	42.46
2015 - 12	39.38	39.09	37.60	35.34	40.24	41.83	42.06	33.37	37.23
2016 - 01	33.20	31.40	30.47	29.45	33.36	34.12	32.40	27.55	30.38
2016 - 02	32.50	31.83	31.25	29.07	32.13	29.50	39.99	26.37	28.94
2016 - 03	37.51	36.41	36.04	33.41	38.87	32.83	36.71	30.34	33.03
2016 - 04	40.48	39.63	38.53	37.83	41.51	37.95	39.14	34.28	36.99
2016 - 05	–	45.21	45.34	43.25	46.84	42.00	43.97	38.87	39.85
2016 - 06	48.44	47.31	47.27	44.20	49.27	46.31	49.01	43.09	45.20
2016 - 07	45.71	45.04	44.35	42.49	46.13	47.27	46.84	41.95	43.97
2016 - 08	45.28	44.84	44.76	41.17	45.96	44.92	44.45	40.23	42.66
2016 - 09	46.82	45.55	44.72	42.87	47.73	45.68	46.56	40.26	43.29
2016 - 10	48.08	47.85	48.26	45.22	49.17	45.69	48.63	43.36	45.43
2016 - 11	46.11	45.42	43.78	43.48	45.89	49.56	47.77	42.08	44.57

注：到岸价 = 成本 + 保险 + 运费。

数据来源：IEA，Monthly Oil Price Statistics.

表8-7 成品油价格

执行时间	汽油价格		柴油价格	
	（元/吨）	（元/升）	（元/吨）	（元/升）
2015/12/29	6105	4.46	5155	4.43
2016/1/13	5965	4.35	5020	4.32
2016/1/27	5965	4.35	5020	4.32
2016/2/15	5965	4.35	5020	4.32
2016/2/29	5965	4.35	5020	4.32
2016/3/14	5965	4.35	5020	4.32
2016/3/28	5965	4.35	5020	4.32
2016/4/12	5965	4.35	5020	4.32
2016/4/26	6130	4.47	5180	4.45
2016/5/11	6250	4.56	5295	4.55
2016/5/25	6460	4.72	5495	4.73
2016/6/8	6570	4.80	5605	4.82
2016/6/23	6570	4.80	5605	4.82
2016/7/7	6570	4.80	5605	4.82
2016/7/21	6415	4.68	5455	4.69
2016/8/4	6195	4.52	5240	4.51
2016/8/18	6370	4.65	5410	4.65
2016/9/1	6575	4.80	5610	4.82
2016/9/18	6420	4.69	5460	4.70
2016/10/19	6775	4.95	5800	4.99
2016/11/2	6775	4.95	5800	4.99
2016/11/16	6410	4.68	5445	4.68
2016/11/30	6585	4.81	5615	4.83
2016/12/14	7020	5.12	6035	5.19
2016/12/28	7120	5.20	6130	5.27

注：本表价格是指成品油生产经营企业供军队及新疆生产建设兵团、国家储备用汽、柴油（标准品）的供应价格；汽油密度取0.73千克/升；柴油密度取0.86千克/升。

数据来源：每吨价格数据来自国家发展改革委网站 http：//www.sdpc.gov.cn/；每升价格数据根据汽、柴油密度计算得到。

表8-8　中国36个大中城市汽、柴油价格

单位：元/吨

执行时间	90号汽油	93号汽油	97号汽油	0号柴油
2013/09	9627	10253	10842	8775
2013/10	9404	10017	10589	8569
2013/11	9266	9851	10410	8396
2013/12	9444	10046	10628	8548
2014/01	9557	10128	10709	8460
2014/02	9448	9991	10569	8334
2014/03	9630	10206	10798	8535
2014/04	9560	10125	10713	8481
2014/05	9649	10226	10819	8572
2014/06	9736	10316	10911	8652
2014/07	9771	10358	10958	8680
2014/08	9550	10110	10702	8453
2014/09	9276	9820	10387	8188
2014/10	8979	9512	10059	7921
2014/11	8414	8908	9425	7397
2014/12	8234	8720	9228	7083
2015/01	7543	7996	8459	6457
2015/02	7310	7748	8197	6227
2015/03	7797	8258	8743	6704
2015/04	7737	8197	8668	6669
2015/05	8146	8628	9130	7066
2015/06	8157	8643	9140	7087
2015/07	7968	8446	8931	6906
2015/08	7469	7923	8342	6423
2015/09	7237	7672	8116	6194

数据来源：中国价格协会能源供水价格专业委员会《能源市场价格行情》。

表 8-9　中国 36 个大中城市汽、柴油零售价格

单位：元/吨

地　区	90 号汽油	93 号汽油	97 号汽油	0 号柴油
北　京	-	7263	7733	5994
天　津	7022	7426	7919	6031
石家庄	6805	6617	7658	5217
太　原	6865	7288	7714	5908
呼和浩特	-	7070	7393	5761
沈　阳	-	7214	7622	5845
大　连	-	7214	7622	5845
长　春	-	7109	7512	5737
哈尔滨	6610	7007	7403	5275
上　海	-	7255	7824	5624
南　京	6928	7489	7923	6048
杭　州	6860	6709	7497	5452
宁　波	6133	6556	7372	5408
合　肥	7155	7585	8014	5825
福　州	-	6606	7682	5519
厦　门	6845	6572	7610	5413
南　昌	-	6962	7663	5809
济　南	5045	6223	7650	5183
青　岛	6803	7229	7656	5845
郑　州	-	7008	7656	5138
武　汉	6591	6447	7537	5236
长　沙	-	7300	7731	5560
广　州	-	6463	6675	5496
深　圳	-	6953	7484	5678
南　宁	-	6067	7321	4946
海　口	-	7076	7475	5462
重　庆	7020	7378	7816	5845
成　都	7025	7465	7904	6080
贵　阳	-	7422	7859	6040
昆　明	7015	7486	7862	6027
拉　萨	-	-	-	-
西　安	-	7449	7608	5832
兰　州	6790	7216	7641	5865
西　宁	6770	7176	7583	5890
银　川	6825	7215	7644	5783
乌鲁木齐	-	6980	7436	5798

注：本表数据为 2015 年 9 月价格。

数据来源：中国价格协会能源供水价格专业委员会《能源市场价格行情》。

表8-10　成品油零售价格国际比较

品种 国家	汽油 （美元/升）	柴油 （美元/升）	取暖用油 （美元/升）	工业用低硫燃料 油（美元/千克）
法国	1.425	1.250	0.765	0.453
德国	1.445	1.247	0.644	-
意大利	1.579	1.427	1.243	0.404
西班牙	1.270	1.152	0.676	0.364
英国	1.428	1.471	0.636	-
日本	1.105	0.927	0.614	-
加拿大	0.812	0.798	0.723	-
美国	0.596	0.663	-	-

注：本表数据为2016年12月数据；法国、德国、意大利、西班牙、英国汽油价格为优质无铅汽油价格（95 RON）；日本、加拿大、美国汽油价格为普通无铅汽油价格；柴油价格为非商业使用车用柴油价格；日本国内取暖用油价格为煤油价格；法国、意大利、西班牙、英国的工业用低硫燃料油价格不含增值税，因其增值税会返还给工业用户。

数据来源：IEA，Monthly Oil Price Statistics.

（三）天然气价格

表 8-11　国产陆上天然气出厂基准价格

单位：元/千立方米

油气田	用户分类	现行基准价	调后基准价
川渝气田	化肥	690	920
	直供工业	1275	1505
	城市燃气（工业）	1320	1550
	城市燃气（除工业）	920	1150
长庆气田	化肥	710	940
	直供工业	1125	1355
	城市燃气（工业）	1170	1400
	城市燃气（除工业）	770	1000
青海气田	化肥	660	890
	直供工业	1060	1290
	城市燃气（工业）	1060	1290
	城市燃气（除工业）	660	890

油气田	用户分类	现行基准价				调后基准价
新疆各气田	化肥	560				790
	直供工业	985				1215
	城市燃气（工业）	960				1190
	城市燃气（除工业）	560				790
大港、辽河、中原		一档气	二档气	平均		
	化肥	660	980	710		940
	直供工业	1320	1380	1340		1570
	城市燃气（工业）	1230	1380	1340		1570
	城市燃气（除工业）	830	980	940		1170
其他油田	化肥	980				1210
	直供工业	1380				1610
	城市燃气（工业）	1380				1610
	城市燃气（除工业）	980				1210

油气田	用户分类	现行基准价	调后基准价
西气东输	化肥	560	790
	直供工业	960	1190
	城市燃气（工业）	960	1190
	城市燃气（除工业）	560	790
忠武线	化肥	911	1141
	直供工业	1311	1541
	城市燃气（工业）	1311	1541
	城市燃气（除工业）	911	1141
陕京线	化肥	830	1060
	直供工业	1230	1460
	城市燃气（工业）	1230	1460
	城市燃气（除工业）	830	1060
川气东送	用户分类	1280	1510

注：供需双方可以基准价格为基础，在上浮 10%、下浮不限的范围内协商确定具体价格；上述出厂（或首站）价格政策自 2010 年 6 月 1 日起执行。

数据来源：国家发展改革委网站 http：//www. sdpc. gov. cn/.

表8-12 各省（区、市）非居民用天然气基准门站价格

单位：元/千立方米

省份 指标	基准门站价格	省份 指标	基准门站价格
北京	2000	湖北	1960
天津	2000	湖南	1960
河北	1980	广东	2180
山西	1910	广西	2010
内蒙古	1340	海南	1640
辽宁	1980	重庆	1640
吉林	1760	四川	1650
黑龙江	1760	贵州	1710
上海	2180	云南	1710
江苏	2160	陕西	1340
浙江	2170	甘肃	1430
安徽	2090	宁夏	1510
江西	1960	青海	1270
山东	1980	新疆	1150
河南	2010		

注：本表价格含增值税；山东交气点为山东省界；国家发展改革委2015年11月18日发布通知将非居民用气由最高门站价格管理改为基准门站价格管理；上述基准门站价格暂不上浮，下浮不限，自2016年11月20日起最高可上浮20%。

数据来源：国家发展改革委网站 http://www.sdpc.gov.cn/.

表 8－13　工业用天然气价格

单位:元/立方米

时间 \ 地区	2014 年 9 月	2014 年 10 月	2014 年 11 月	2015 年 3 月	2015 年 4 月	2015 年 9 月	2015 年 11 月 城六区	2015 年 11 月 其他区域	2015 年 12 月	2016 年 1 月
北　京	3.65	-	-	-	3.78	-	3.16	2.92		-
天　津	3.65	-	-	-	-	-	2.77		-	-
石家庄	3.80	-	-	-	-	-	3.02		-	-
郑　州	-	3.60	-	-	-	-	2.90		-	-
哈尔滨	-	4.56	-	-	-	-	4.30		-	-
济　南	-	4.50	-	-	4.40	-	3.70		3.5	-
上　海　化学工业区	-	-	-	-	-	-	-		2.75	-
上　海　>500 万立方米	-	3.99	-	-	-	-	-		3.57	-
上　海　120－500 万立方米	-	4.49	-	-	-	-	-		4.07	-
上　海　0－120 万立方米	-	4.79	-	-	-	-	-		4.37	-
上　海　掺混改质	-	2.77	-	-	-	-	-		-	-

时间　　地区		2014年9月	2014年10月	2014年11月	2015年3月	2015年4月	2015年9月	2015年11月	2015年12月	2016年1月
南京	南京港华燃气有限公司	—	3.65	—	—	3.80	—	—	3.11	—
	南京中燃城市燃气发展有限公司	—	3.95	—	—	3.80	—	—	3.11	—
	南京江宁华润燃气有限公司	—	4.30	—	—	3.80	—	—	3.11	—
福州		—	—	—	—	—	—	—	—	—
广州		—	—	—	—	—	—	—	—	4.36
桂林		—	—	—	—	—	4.90	4.20	—	—
武汉		—	4.035	—	—	—	—	4.193①|3.493②	—	—
乌鲁木齐		—	—	—	—	3.09	—	—	—	2.39
西宁		—	—	—	2.10	—	—	—	—	—
成都		—	—	4.03	—	3.93	—	3.23	—	—
重庆		2.84	—	—	—	—	—	2.14	—	—

注:本表数据不包括个别地区采暖季实行的天然气价格;①表示2015年11月1日起执行,②表示2015年11月20日起执行。

数据来源:各市发改委及物价局网站,表中时间表示价格的执行时间。

表 8-14　工业用天然气价格国际比较（IEA）

单位：美元/立方米

国家\年份	加拿大	法国	日本	韩国	英国	美国
2007	0.32	0.61	0.67	0.81	0.49	0.43
2008	0.52	0.90	-	0.74	0.66	0.55
2009	0.26	0.65	0.84	0.71	0.52	0.30
2010	0.24	0.72	0.94	0.90	0.49	0.31
2011	0.26	0.88	1.21	103	0.61	0.29
2012	0.20	0.88	1.32	1.11	0.66	0.22
2013	0.24	0.89	1.24	1.16	0.72	0.26
2014	0.27	0.84	1.24	1.22	0.69	0.31
2015	-	0.70	-	0.91	0.57	0.22

注：1 立方米天然气折合 1.33 千克标准煤。

数据来源：根据 IEA，Energy Prices&Taxes - 2016Q1 中单位低位发热量的价格数据计算得到。

表8-15 民用天然气价格

单位：元/立方米

时间 地区	2014年9月	2015年11月	2016年1月	2016年9月	2016年11月
北京	—	—	0-350立方米(含) 2.28 350-500立方米(含) 2.5 500立方米以上 3.9	—	—
天津	—	0-300立方米(含) 2.4 301-600立方米(含) 2.88 600立方米以上 3.6	—	—	—
石家庄	—	3.02	—	—	—
太原	—	—	月用气量≤26立方米 2.26 26<月用气量≤38立方米 2.71 月用气量>38立方米 3.39	—	—
郑州	月用气量≤50立方米 2.25 月用气量>50立方米 2.93	—	—	—	—
济南	—	—	0-216立方米(含) 3.0 216-360以上(含) 3.6 360立方米以上 4.5	—	—
上海	0-310立方米(含) 3 310-520立方米(含) 3.3 520立方米以上 4.2	—	—	—	—

时间\地区	2014年9月	2015年11月	2016年1月	2016年9月	2016年11月
海口	—	0-277立方米(含) 3.15 278-421立方米(含) 3.78 421立方米以上 3.96	—	—	—
福州	—	0-192立方米(含) 3.65 193-300立方米(含) 4.38 300立方米以上 5.48	—	—	0-192立方米(含) 2.86 193-300立方米(含) 3.43 300立方米以上 4.30
广州	—	—	0-320立方米(含) 3.45 320-400立方米(含) 4.14 400立方米以上 5.18	—	—
桂林	—	3.33	0-360立方米(含) 3.30 360-600立方米(含) 3.96 600立方米以上 4.95	—	—
武汉	—	—	0-360立方米(含) 2.53 360-600立方米(含) 2.78 600立方米以上 3.54	—	—
成都	—	—	0-500立方米 1.89 501-660立方米 2.27 661立方米以上 2.84	—	—
重庆	—	—	—	0-500立方米 1.72 500-660立方米 1.89 660立方米以上 2.24	—

数据来源:各市发改委及物价局网站,表中时间表示价格的执行时间。

表 8-16 民用天然气价格国际比较 (IEA)

单位：美元/立方米

年份 \ 国家	加拿大	法国	日本	韩国	英国	美国
2007	0.71	1.16	1.83	1.05	0.97	0.74
2008	0.75	1.36	–	0.94	1.06	0.79
2009	0.59	1.25	2.33	0.86	1.02	0.69
2010	0.64	1.28	2.44	0.97	0.97	0.64
2011	0.64	1.49	2.85	1.12	1.16	0.63
2012	0.59	1.44	2.92	1.19	1.24	0.61
2013	0.58	1.54	2.51	1.18	1.30	0.58
2014	0.60	1.54	2.46	1.30	1.45	0.62
2015	–	1.28	–	1.00	1.29	0.68

注：1 立方米天然气折合 1.33 千克标准煤。

数据来源：根据 IEA，Energy Prices&Taxes–2016Q1 中单位低位发热量的价格数据计算得到。

表 8-17　发电用天然气价格

单位：元/立方米

时间 地区	2009 年 3 月	2010 年 7 月	2011 年 12 月	2012 年 11 月	2013 年 7 月	2014 年 4 月	2014 年 10 月	2015 年 11 月
北　京	–	–	–	–	2.67	2.67	3.09	2.51
天　津	2.0 – 2.4	–	–	–	3.25	3.25	3.25	2.77
石家庄	–	–	–	–	3.1	3.1	3.1	–
上　海	1.93	2.32	2.32	2.32	2.32	2.72	2.92	2.5
武　汉	–	2.172	2.172	2.172	2.172	2.582	3.072	2.372
西　安	–	1.98	1.98	1.98	1.98	1.98	1.98	–
银　川	–	–	–	–	–	–	1.98	2.06
乌鲁木齐	1.37	1.37	1.37	1.37	1.37	1.37	1.37	–
西　宁	–	–	–	–	–	1.3	1.3	–

数据来源：各市发改委及物价局网站。

表 8-18　发电用天然气价格国际比较（IEA）

单位：美元/立方米

国家 年份	加拿大	韩国	英国	美国
2007	0.37	0.72	0.43	0.42
2008	0.39	1.00	0.52	0.54
2009	0.29	0.67333	0.38	0.28
2010	0.30		0.39	0.30
2011	0.27		0.53	0.28
2012	0.22		0.58	0.20
2013	0.28		0.62	0.25
2014	–	–	0.53	0.29
2015	–	–	–	0.19

注：1 立方米天然气折合 1.33 千克标准煤。

数据来源：根据 IEA，Energy Prices&Taxes – 2016Q1 中单位低位发热量的价格数据计算得到。

表 8-19　车用天然气价格

单位：元/立方米

时间 地区	2010 年 8 月	2011 年 9 月	2012 年 12 月	2013 年 9 月	2014 年 10 月	2015 年 11 月
北　京	—	—	—	5.12	放开车用气销售价格，由经营企业自行制定	—
天　津	3.95	3.95	3.95	4.2	4.95	—
石家庄	3.30	3.30	3.30	3.30	3.30	3.5
太　原	3.6	—	—	4.45	4.8	4.1
济　南	4.22	4.28	4.28	4.71	5.04	4.2
上　海	4.2	4.7	4.7	5.1	5.1	—
南　京	—	—	—	4.9	4.9	4.2
海　口	3.2	3.76	3.76	4.06	4.06	—
武　汉	4.5	4.5	4.5	4.5	4.5	4.1
西　安	2.65	3.55	3.55	3.55	3.55	—
乌鲁木齐	2.08	2.08	4.07	4.07	4.07	—
兰　州	—	—	—	—	3.56	2.9
成　都	4	4	4	4	4	3
重　庆	—	—	3.28	3.65	3.97	3.27

数据来源：各市发改委及物价局网站。

表8-20　天然气进口价格

指标 年份	管道天然气		LNG		
	美元/ 立方米	美元/ MBTU	美元/吨	美元/ 立方米	美元/ MBTU
2009	–	–	232.69	0.17	4.47
2010	0.28	7.71	323.39	0.23	6.22
2011	0.33	9.03	471.98	0.34	9.08
2012	0.39	10.91	560.36	0.41	10.78
2013	0.36	9.90	589.82	0.43	11.34
2014	0.37	9.90	616.35	0.45	12.1
2015	0.28	7.63	449.00	0.33	8.82
2016	0.19	5.25	342.88	0.25	6.73

注：进口价格＝进口额/进口量；1吨LNG折合1380立方米天然气；1Mbtu天然气折合27.1立方米天然气；0.7174kg管道（气态）天然气折合1立方米天然气。

数据来源：海关总署网站http：//www.customs.gov.cn/；海关信息网http：//www.haiguan.info/.

表 8 - 21　天然气价格国际比较

单位：美元／MBTU

指标 年份	天然气				LNG
	德国	英国	美国	加拿大	日本
	平均进口 到岸价	全国名义 平均点数	亨利中心	阿尔伯塔	到岸价
2000	2.91	2.71	4.23	3.75	4.72
2001	3.67	3.17	4.07	3.61	4.64
2002	3.21	2.37	3.33	2.57	4.27
2003	4.06	3.33	5.63	4.83	4.77
2004	4.30	4.46	5.85	5.03	5.18
2005	5.83	7.38	8.79	7.25	6.05
2006	7.87	7.87	6.76	5.83	7.14
2007	7.99	6.01	6.95	6.17	7.73
2008	11.60	10.79	8.85	7.99	12.55
2009	8.53	4.85	3.89	3.38	9.06
2010	8.03	6.56	4.39	3.69	10.91
2011	10.49	9.04	4.01	3.47	14.73
2012	10.93	9.46	2.76	2.27	16.75
2013	10.72	10.64	3.71	2.93	16.17
2014	9.11	8.25	4.35	3.87	16.33
2015	6.61	6.53	2.60	2.01	10.31

注：到岸价＝成本＋保险＋运费。

数据来源：BP Statistical Review of World Energy 2016.

（四）电力价格

表 8-22　各地区燃煤机组脱硫标杆上网电价

单位：分/千瓦时

执行时间 地区	2011 年 6 月 1 日	2011 年 12 月 1 日	2013 年 9 月 25 日	2014 年 9 月 1 日	2015 年 4 月 20 日	2016 年 1 月 1 日
北　京	38.07	40.02	38.67	38.04	36.34	33.95
天　津	38.38	41.18	39.83	39.29	36.95	33.94
河北（北网）	40.13	42.43	41.08	40.21	38.51	35.14
河北（南网）	40.17	43.00	41.96	41.14	37.94	33.77
山　西	35.62	38.57	37.67	36.52	34.18	30.85
山　东	42.19	44.69	43.57	42.76	40.74	36.09
蒙　西	28.79	31.09	30.04	28.84	28.17	26.52
上　海	45.73	47.73	45.23	44.73	42.39	39.28
江　苏	43.00	45.50	43.00	41.90	39.76	36.6
浙　江	45.70	48.20	45.70	44.60	43.33	40.33
安　徽	41.80	43.60	42.11	41.64	39.44	35.73
福　建	41.74	44.48	43.04	42.59	39.55	36.17
湖　北	44.50	47.80	45.82	44.72	42.96	38.61
湖　南	46.44	50.14	48.79	48.20	46.00	43.51
河　南	41.12	43.92	42.62	40.71	38.77	34.31
江　西	44.82	48.52	47.52	44.35	42.76	38.73
四　川	40.87	44.87	44.87	44.32	42.82	38.92
重　庆	41.11	44.91	43.31	42.63	40.93	36.76
辽　宁	39.22	41.42	40.22	39.24	37.43	35.65
吉　林	37.57	40.57	39.74	38.94	36.83	35.97
黑龙江	38.19	40.49	39.89	39.44	37.44	36.03
蒙　东	30.09	31.79	30.64	29.84	29.48	29.15
陕　西	36.72	39.74	38.64	37.74	37.74	32.26
甘　肃	30.83	33.43	32.09	31.69	31.69	28.58
宁　夏	27.02	28.86	27.61	26.71	26.71	24.75
青　海	32.40	35.40	34.50	34.20	34.20	31.27
广　东	49.80	52.10	50.20	49.00	49.00	43.85
广　西	44.07	47.72	45.52	44.54	43.04	40.2
云　南	33.46	36.06	36.06	36.06	34.43	32.38
贵　州	34.25	38.25	37.28	36.93	35.89	32.43
海　南	46.53	49.03	47.68	46.58	44.08	40.78

注：本表价格为含税价；本表价格含脱硫电价，不含脱硝、除尘电价，自 2013 年 9 月 25 日起提高脱硝电价至 1 分/千瓦时，增设除尘电价 0.2 分/千瓦时。

数据来源：国家发展改革委网站 http：//www.sdpc.gov.cn/.

表 8 −23　跨省、跨区域电网送电价格调整情况

单位：元/千千瓦时

类别	项目	降价标准
点对网	山西送华北	17.78
	内蒙古西部送华北	17.78
	山西送山东	20.20
	宁东送山东	20.20
	陕西送河北南网	32.00
	皖电东送	21.50
	内蒙古东部送黑龙江	20.00
	内蒙古东部送吉林	21.10
	内蒙古东部送辽宁	18.14
	湖南送广东	28.51
网对网	内蒙古西部送华北	6.73
	山西送华北	23.40
	山西送河北南网	23.40
	东北送华北	14.84
	新疆送河南	10.00

注：（1）本表价格为含税价，以上电价调整自 2015 年 4 月 20 日起执行。（2）跨省、跨区域送电价格调整主要遵循市场原则由送受电供需双方协商确定。"点对网"上网电价，原则上按照落地省燃煤发电标杆上网电价调整幅度相应调整；存在多个落地省份的，原则上按照各落地省份燃煤发电标杆上网电价调价幅度加权平均后相应调整。"网对网"送电价格，原则上按照送电省燃煤发电标杆上网电价调整幅度相应调整。其中，经协商，内蒙古东部地区燃煤发电机组送黑龙江的落地电价高于黑龙江省燃煤发电标杆上网电价（含脱硫、脱硝、除尘）的，执行当地调整后的燃煤发电标杆上网电价。（3）跨省、跨区域送电价格调整后，华北、东北、华东、华中、西北区域电网公司统购统销电量与省（区、市）电网公司的结算价格相应调整。

数据来源：国家发展改革委《关于降低燃煤发电上网电价和工商业用电价格的通知》。

表 8-24　各地区终端销售电价

地区\指标	2010 年		2012 年		2014 年		2015 年	
	销售电价（元/兆瓦时）	增速（%）	销售电价（元/兆瓦时）	增速（%）	销售电价（元/兆瓦时）	增速（%）	销售电价（元/兆瓦时）	增速（%）
北　京	704	4.8	733	3.2	776	5.2	777	0.2
天　津	607	4.5	682	4.9	719	6.3	726	0.9
河北（北网）	479	2.4	587	19.2	596	0.8	588	-1.4
河北（南网）	519	5.1	639	13.2	664	-0.5	641	-3.4
山　西	452	6.6	514	7.7	521	-0.2	510	-2.1
山　东	557	3.2	660	7.2	712	5.9	698	-2.0
蒙　东	453	4.6	505	15.4	556	4.6	513	-7.7
蒙　西	389	6.6	-	-	401	-	421	5.0
辽　宁	596	2.4	627	4.0	628	-0.2	613	-2.4
吉　林	542	2.4	618	5.0	626	-0.5	631	0.7
黑龙江	532	4.0	573	5.2	559	-0.9	547	-2.1
陕　西	476	4.4	539	6.8	569	0.5	555	-2.5
甘　肃	397	8.0	429	6.9	462	8.3	453	-1.9
青　海	333	11.5	371	6.3	384	0.5	381	-0.7
宁　夏	411	9.7	410	2.7	407	-0.3	394	-3.3
新　疆	473	0.2	433	-4.5	444	13.0	437	-1.6
上　海	720	3.2	754	5.8	769	2.2	760	-1.1
浙　江	625	1.5	758	19.6	754	-0.3	747	-0.9
江　苏	598	2.1	630	4.1	694	-0.3	689	-0.8
安　徽	534	2.5	582	5.3	690	5.2	676	-2.0
福　建	536	3.9	639	7.2	669	0.8	645	-3.6
湖　北	585	5.3	654	7.5	675	-0.5	670	-0.8
河　南	478	7.5	540	7.1	569	5.0	607	6.6
湖　南	558	6.1	627	6.5	673	-0.2	675	0.3
江　西	573	1.8	658	10.7	733	-0.6	712	-2.9
四　川	493	-1.4	502	-0.7	550	1.6	532	-3.3
重　庆	559	3.9	658	17.3	643	-0.6	648	0.8
西　藏	625	9.5	596	-0.7	-	-	-	-
广　东	707	1.0	760	2.3	715	-1.0	698	-2.4
广　西	496	5.2	570	6.1	567	-1.2	557	-1.7
云　南	407	6.1	459	0.5	444	-2.3	419	-5.6
贵　州	415	7.2	509	4.7	512	-3.3	493	-3.7
海　南	682	3.2	743	3.9	744	-0.6	734	-1.3

注：销售电价含税，不含政府性基金和附加。

数据来源：2010-2014 年数据来自中国电力企业联合会历年《中国电力行业年度发展报告》；2015 年数据来自《2015 年度全国电力价格情况监管通报》。

表 8-25　居民用电价格

地区 \ 指标	2010 年		2012 年		2014 年		2015 年	
	居民电价（元/兆瓦时）	增速（%）	居民电价（元/兆瓦时）	增速（%）	居民电价（元/兆瓦时）	增速（%）	居民电价（元/兆瓦时）	增速（%）
北　京	472	-0.2	480	1.4	496	0.4	495	-0.2
天　津	488	0.0	492	0.8	502	0.4	503	0.2
河北（北网）	485	0.1	488	0.0	515	-	514	-
河北（南网）	487	0.5	489	0.8	525	4.9	524	1.8
山　西	464	-0.3	472	1.9	486	-0.3	486	0.0
山　东	519	-0.2	531	0.5	536	-0.1	537	0.1
蒙　东	448	3.9	486	2.1	504	-0.2	507	0.6
蒙　西	368	-4.6	-	-	440	-	440	-
辽　宁	497	0.2	501	0.7	511	-0.2	512	0.3
吉　林	522	0.1	529	1.3	534	0.1	535	0.1
黑龙江	459	-0.2	480	4.6	481	-0.1	482	0.3
陕　西	497	0.2	501	0.6	507	-0.1	507	0.0
甘　肃	487	-0.3	498	3.0	526	0.2	526	0.0
青　海	356	3.3	379	6.1	407	0.3	406	-0.3
宁　夏	452	-1.1	455	1.0	456	2.2	457	0.3
新　疆	500	0.2	528	5.4	532	0.0	534	0.3
上　海	537	-0.7	553	1.9	570	-0.8	571	0.2
浙　江	527	0.2	558	0.9	557	-0.7	556	-0.2
江　苏	503	-0.1	510	1.3	520	-1.2	518	-0.5
安　徽	545	-0.7	556	1.1	569	-0.9	569	0.0
福　建	474	0.3	524	4.4	557	2.0	551	-1.0
湖　北	563	0.5	576	2.1	586	-1.4	580	-1.1
河　南	546	0.1	557	2.0	570	-2.0	563	-1.2
湖　南	530	0.7	542	2.5	607	-1.1	607	0.0
江　西	599	0.2	610	1.8	619	-0.3	618	-0.1
四　川	508	0.3	517	1.5	531	-1.6	523	-1.4
重　庆	517	0.0	528	1.9	538	-1.2	537	-0.1
西　藏	497	-6.6	490	0.3	-	-	-	-
广　东	628	0.1	663	1.8	647	0.8	675	4.3
广　西	518	0.7	552	2.5	461	0.2	563	22.1
云　南	452	0.3	461	0.7	476	0.5	472	-0.8
贵　州	438	0.7	465	3.9	485	-1.0	485	0.1
海　南	600	0.1	616	2.6	633	0.8	632	4.5

注：居民电价为到户价。

数据来源：中国电力企业联合会历年《中国电力行业年度发展报告》；国家能源局《2015 年度全国电力价格情况监管通报》。

表 8 – 26　居民用电价格国际比较

单位：美元/千瓦时

年份 国家/地区	2010	2011	2012	2013	2014	2015
法国	0.16	0.19	0.18	0.19	0.21	0.18
德国	0.33	0.35	0.34	0.39	0.40	–
日本	0.24	0.27	0.29	0.25	0.25	0.23
韩国	0.08	0.09	0.09	0.10	0.11	0.10
英国	0.18	0.21	0.22	0.23	0.26	0.24
美国	0.12	0.12	0.12	0.12	0.13	0.13

注：本表数据为平均值，现价；美国不含税。

数据来源：IEA, Energy Prices & Taxes – 2016Q1.

表 8 – 27　工业用电价格国际比较

单位：美元/千瓦时

年份 国家/地区	2010	2011	2012	2013	2014	2015
法国	0.11	0.12	0.12	0.13	0.13	0.11
德国	0.14	0.16	0.15	0.17	0.18	–
日本	0.16	0.19	0.20	0.18	0.19	0.16
英国	0.12	0.13	0.13	0.14	0.15	–
美国	0.07	0.07	0.07	0.07	0.07	0.07

注：本表数据为平均值，现价；美国不含税。

数据来源：IEA, Energy Prices & Taxes – 2016Q1.

九、能源效率

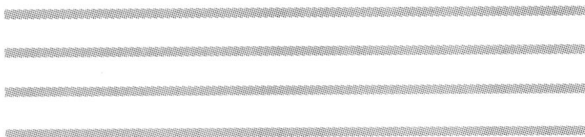

（一）综合能源效率

表9-1 终端消费与中间损耗（发电煤耗计算法）

终端/中间 年 份	终端消费		加工转换损失		损失	
	绝对额（万吨标准煤）	占比（%）	绝对额（万吨标准煤）	占比（%）	绝对额（万吨标准煤）	占比（%）
2000	140476	95.6	2472	1.7	4016	2.7
2001	148733	95.6	2482	1.6	4333	2.8
2002	162041	95.6	2757	1.6	4779	2.8
2003	188986	95.9	3078	1.6	5019	2.5
2004	221367	96.1	3364	1.5	5550	2.4
2005	250877	96.0	3882	1.5	6610	2.5
2006	275058	96.0	4255	1.5	7154	2.5
2007	299675	96.2	4071	1.3	7696	2.5
2008	307612	95.9	5185	1.6	7815	2.4
2009	322120	95.8	5879	1.7	8126	2.4
2010	337469	93.6	14294	4.0	8885	2.5
2011	373296	96.4	4548	1.2	9199	2.4
2012	386888	96.2	5524	1.4	9726	2.4
2013	403814	96.9	2660	0.6	10439	2.5
2014	413162	97.0	2443	0.6	10201	2.4
2015	417494	97.1	2699	0.6	9712	2.3

数据来源：国家统计局历年《中国能源统计年鉴》。

表9-2 终端消费与中间损耗（电热当量计算法）

年 份	终端消费		加工转换损失		损失	
终端/中间	绝对额（万吨标准煤）	占比（%）	绝对额（万吨标准煤）	占比（%）	绝对额（万吨标准煤）	占比（%）
2000	106173	75.3	33231	23.6	1589	1.1
2001	112022	75.6	34540	23.3	1702	1.1
2002	122349	75.6	37724	23.3	1861	1.1
2003	143480	75.8	43851	23.2	1939	1.0
2004	169726	76.9	48872	22.1	2140	1.0
2005	192767	76.9	55520	22.1	2547	1.0
2006	209541	76.2	62789	22.8	2804	1.0
2007	228156	76.2	68039	22.7	3076	1.0
2008	234674	76.6	68573	22.4	3209	1.0
2009	246777	76.8	71115	22.1	3443	1.1
2010	259577	75.5	80221	23.3	3803	1.1
2011	286985	77.5	79241	21.4	3937	1.1
2012	297681	78.0	79621	20.9	4213	1.1
2013	307555	77.9	82721	21.0	4518	1.1
2014	313935	78.4	81935	20.5	4428	1.1
2015	316912	78.8	80846	20.1	4251	1.1

数据来源：国家统计局历年《中国能源统计年鉴》。

表9-3　终端消费与中间损耗国际比较

终端/中间 国家/地区	终端消费		加工转换损失		损失	
	绝对额 （万吨 标准煤）	占比 （％）	绝对额 （万吨 标准煤）	占比 （％）	绝对额 （万吨 标准煤）	占比 （％）
世界	1346384	68.8	578583	29.6	32051	1.6
OECD	518409	68.8	225335	29.9	9580	1.3
非OECD	776089	67.4	353248	30.7	22471	2.0
中国	**283976**	**65.1**	**147551**	**33.8**	**4402**	**1.0**
美国	219661	69.4	93624	29.6	3313	1.0
欧盟	156431	70.0	63570	28.4	3566	1.6
印度	79391	67.4	35356	30.0	3073	2.6
俄罗斯	64928	63.9	32396	31.9	4230	4.2
日本	42220	66.9	20328	32.2	558	0.9
德国	30903	70.7	11548	26.4	1273	2.9
巴西	33158	71.8	12492	27.1	527	1.1
韩国	24328	63.4	13505	35.2	512	1.3
法国	21093	60.9	13335	38.5	235	0.7
加拿大	28628	71.6	10658	26.7	697	1.7
伊朗	25875	76.4	7214	21.3	779	2.3
印尼	23609	73.3	8164	25.3	443	1.4
英国	20241	66.4	9810	32.2	450	1.5
沙特	16894	62.9	9701	36.1	260	1.0
墨西哥	17560	68.5	7791	30.4	281	1.1
意大利	16653	79.4	3807	18.2	508	2.4
南非	10682	50.9	10064	47.9	257	1.2

注：（1）本表数据为2014年数据；（2）在IEA的统计口径中，工业终端能源消费量不包括能源工业自用量；（3）标准量折算采用电热当量计算法。

数据来源：IEA, World Energy Balances (2016 edition).

表 9－4　能源加工转换效率

单位:%

指标 年份	总效率	发电及 电站供热	炼焦	炼油
2000	69.38	37.78	96.20	97.32
2001	69.70	38.15	96.47	97.60
2002	68.99	38.67	96.63	96.73
2003	69.38	38.46	96.13	96.38
2004	70.60	38.64	97.10	96.48
2005	71.11	38.97	97.14	96.94
2006	70.87	39.08	97.02	96.90
2007	71.23	39.80	97.54	97.17
2008	71.46	40.47	98.46	96.22
2009	72.41	41.23	98.00	96.74
2010	72.52	41.99	96.38	97.00
2011	72.19	42.13	96.30	97.41
2012	72.68	42.81	95.65	97.11
2013	72.96	43.12	95.60	97.65
2014	73.49	43.55	95.07	97.54
2015	73.72	44.22	92.34	97.55

数据来源：国家统计局《中国能源统计年鉴 2016》。

表9-5 万元国内生产总值能源消费量

指标 年份	单位 GDP 能耗		单位能耗创造的 GDP	
	绝对额（吨标准煤/万元）	增速（%）	绝对额（元/吨标准煤）	增速（%）
国内生产总值按 2000 年可比价格计算				
2000	1.47	-	6789	-
2001	1.44	-2.3	6947	2.3
2002	1.44	-0.1	6952	0.1
2003	1.52	5.7	6580	-5.4
2004	1.61	6.1	6200	-5.8
2005	1.64	2.0	6080	-1.9
国内生产总值按 2005 年可比价格计算				
2005	1.41	-	7112	-
2006	1.37	-2.7	7313	2.8
2007	1.30	-4.8	7682	5.0
2008	1.22	-6.1	8179	6.5
2009	1.17	-4.0	8519	4.2
2010	1.14	-3.0	8781	3.1
国内生产总值按 2010 年可比价格计算				
2010	0.87	-	11452	-
2011	0.86	-2.0	11689	2.1
2012	0.82	-3.5	12135	3.8
2013	0.79	-3.7	12613	3.9
2014	0.75	-4.7	13250	5.1
2015	0.71	-5.6	14031	5.9
国内生产总值按 2015 年可比价格计算				
2015	0.63	-	15946	-
2016	0.60	-5.0	16776	5.2

数据来源：2000-2015 年 GDP 数据来自国家统计局《中国统计年鉴2016》，2016 年 GDP 数据来自国家统计局《2016 年国民经济和社会发展统计公报》；2000-2015 年能源消费量数据来自国家统计局《中国能源统计年鉴2016》，2016 年能源消费量数据来自国家统计局《2016 年国民经济和社会发展统计公报》。

表9-6 单位GDP能耗国际比较

TPES/GDP 国家/地区	按汇率计算		按购买力平价计算	
	吨标准油/ 万美元	吨标准煤/ 万美元	吨标准油/ 万美元	吨标准煤/ 万美元
世界	1.8	2.5	1.1	1.6
OECD	1.2	1.7	1.1	1.5
非OECD	2.7	3.9	1.2	1.7
中国	**2.7**	**3.9**	**1.5**	**2.2**
美国	1.3	1.8	1.3	1.8
欧盟	1.0	1.4	0.8	1.2
印度	3.3	4.8	0.9	1.3
俄罗斯	5.0	7.2	1.9	2.7
日本	1.0	1.5	0.9	1.2
德国	1.0	1.4	0.8	1.2
巴西	1.6	2.4	0.9	1.3
韩国	2.0	2.9	1.6	2.3
法国	1.0	1.4	0.9	1.3
加拿大	2.1	3.0	2.1	3.0
印尼	2.3	3.2	0.7	1.0
英国	0.7	1.0	0.7	1.0
沙特	4.1	5.8	1.6	2.2
墨西哥	1.6	2.3	0.9	1.2
意大利	0.8	1.2	0.7	1.0
南非	3.9	5.6	1.7	2.4

注：本表数据为2015年数据；按汇率计算GDP为2015年现价美元；按购买力计算GDP为2015年现价国际元。

数据来源：根据BP Statistical Review of World Energy 2016能源消费量数据及世界银行GDP数据计算得到。

表9-7　分地区能耗强度

单位：吨标准煤/万元

年份 地区	2010	2011	2012	2013	2014	2015
全　国	0.88	0.86	0.83	0.80	0.76	0.72
北　京	0.49	0.46	0.44	0.38	0.36	0.34
天　津	0.74	0.71	0.67	0.57	0.54	0.50
河　北	1.35	1.30	1.22	1.10	1.02	0.96
山　西	1.83	1.76	1.69	1.58	1.52	1.44
内蒙古	1.44	1.40	1.33	1.09	1.05	1.01
辽　宁	1.13	1.10	1.04	0.88	0.84	0.81
吉　林	0.96	0.92	0.85	0.72	0.67	0.60
黑龙江	1.08	1.04	1.00	0.86	0.82	0.79
上　海	0.65	0.61	0.57	0.53	0.48	0.46
江　苏	0.62	0.60	0.57	0.53	0.49	0.46
浙　江	0.61	0.59	0.55	0.53	0.50	0.48
安　徽	0.79	0.75	0.72	0.67	0.63	0.60
福　建	0.67	0.64	0.61	0.55	0.54	0.50
江　西	0.67	0.65	0.61	0.58	0.57	0.54
山　东	0.89	0.85	0.82	0.68	0.64	0.62
河　南	0.93	0.89	0.83	0.71	0.68	0.63
湖　北	0.95	0.91	0.87	0.71	0.67	0.62
湖　南	0.93	0.89	0.83	0.67	0.63	0.59
广　东	0.58	0.56	0.53	0.48	0.46	0.44
广　西	0.83	0.80	0.77	0.69	0.67	0.63
海　南	0.66	0.69	0.67	0.62	0.60	0.60
重　庆	0.99	0.95	0.89	0.68	0.66	0.62
四　川	1.04	1.00	0.92	0.79	0.75	0.70
贵　州	1.78	1.71	1.64	1.38	1.30	1.20
云　南	1.20	1.16	1.12	0.97	0.93	0.85
陕　西	0.88	0.85	0.85	0.73	0.71	0.69
甘　肃	1.44	1.40	1.34	1.26	1.19	1.11
青　海	1.90	2.08	2.05	1.98	1.92	1.84
宁　夏	2.18	2.28	2.16	2.06	1.97	2.00
新　疆	1.52	1.63	1.74	1.80	1.79	1.73

注：GDP 按 2010 年不变价计算；标准量折算采用发电煤耗计算法。

数据来源：能源消费量数据来自国家统计局历年《中国能源统计年鉴》；分地区 GDP 数据根据国家统计局《中国统计年鉴 2016》相关数据计算得到。

（二）煤炭效率

表 9 - 8　煤矿事故死亡率

年份　　指标	死亡人数（人）	百万吨死亡率（人／百万吨）	国有重点煤矿（人／百万吨）	地方国有煤矿（人／百万吨）	乡镇煤矿（人／百万吨）
2000	5798	5.81	0.97	3.46	10.99
2001	5670	5.13	1.88	4.23	15.44
2002	6995	4.94	1.25	3.83	12.12
2003	6434	3.71	1.07	3	7.61
2004	6027	3.08	0.93	2.77	5.87
2005	5938	2.81	0.96	1.94	5.53
2006	4746	2.04	0.63	1.91	3.89
2007	3786	1.49	0.31	1.27	3.02
2008	3215	1.18	0.33	1.16	2.37
2009	2631	0.89	0.38	0.8	1.51
2010	2433	0.75	0.29	0.62	1.42
2011	1973	0.56	0.16	0.66	1.1
2012	1384	0.37	0.12	0.42	0.75
2013	1041	0.29	－	－	－
2014	931	0.26	－	－	－
2015	588	0.16	－	－	－

数据来源：国家煤矿安全监察局网站 http：//www. chinacoal - safe-ty. gov. cn/.

（三）石油效率

表9－9　石油生产成本国际比较

指标 国家	总成本	资本支出	运行支出
英国	52.5	21.8	30.7
巴西	48.8	17.3	31.5
加拿大	41.0	18.7	22.4
美国	36.2	21.5	14.8
挪威	36.1	24	12.1
安哥拉	35.4	18.8	16.6
哥伦比亚	35.3	15.5	19.8
尼日利亚	31.6	16.2	15.3
中国	**29.9**	**15.6**	**14.3**
墨西哥	29.1	18.3	10.7
哈萨克斯坦	27.8	16.3	11.5
利比亚	23.8	16.6	7.2
委内瑞拉	23.5	9.6	13.9
阿尔及利亚	20.4	13.2	7.2
俄罗斯	17.2	8.9	8.4
伊朗	12.6	6.9	5.7
阿联酋	12.3	6.6	5.7
伊拉克	10.7	5.6	5.1
沙特	9.9	4.5	5.4
科威特	8.5	3.7	4.8

数据来源：UCube by Rystad Energy；Interactive published Nov. 23，2015.

（四）电力效率

表 9-10 单位 GDP 用电量

指标 年份	单位 GDP 用电量 （千瓦时/万元）	单位用电量创造的 GDP （元/千瓦时）
GDP 按 2000 年可比价格计算		
2000	1357	7.4
2001	1366	7.3
2002	1398	7.2
2003	1465	6.8
2004	1533	6.5
2005	1568	6.4
GDP 按 2005 年可比价格计算		
2005	1340	7.5
2006	1361	7.3
2007	1369	7.3
2008	1318	7.6
2009	1285	7.8
2010	1335	7.5
GDP 按 2010 年可比价格计算		
2010	1027	9.7
2011	1050	9.5
2012	1030	9.7
2013	1029	9.7
2014	864	11.6
2015	822	12.2
GDP 按 2015 年可比价格计算		
2015	818	12.2
2016	805	12.4

数据来源：2000-2014 年用电量数据来自中国电力企业联合会历年《电力工业统计资料汇编》，2015-2016 年用电量数据来自中国电力企业联合会《2016 年全国电力工业统计快报》；2000-2015 年 GDP 数据来自国家统计局《中国统计年鉴 2016》，2016 年 GDP 数据来自国家统计局《2016 年国民经济和社会发展统计公报》。

表 9 - 11　单位 GDP 用电量国际比较

单位：千瓦时/万美元

年份 国家/地区	2010	2011	2012	2013	2014
世界	3018	3024	3014	3036	3132
OECD	2313	2259	2226	2207	2159
非 OECD	4497	4563	4544	4586	4570
中国	**6520**	**6704**	**6588**	**6676**	**6510**
俄罗斯	6005	5832	5764	5632	5663
伊朗	4194	4124	4641	4870	5047
南非	6198	6130	5825	5684	5571
印度	4627	4782	4782	4783	4747
沙特	4151	3911	4061	4212	4475
巴西	2104	2092	2131	2143	2202
加拿大	3218	3228	3144	3193	3115
韩国	4399	4458	4457	4384	4317
土耳其	2465	2489	2545	2472	2525
美国	2769	2715	2618	2606	2561
澳大利亚	1827	1771	1723	1680	1643
墨西哥	2194	2351	2328	2214	2207
西班牙	1857	1847	1889	1858	1810
法国	1900	1749	1786	1785	1686
日本	2002	1892	1833	1804	1764
意大利	1532	1532	1547	1523	1495
德国	1738	1650	1644	1632	1572
英国	1489	1412	1400	1369	1272

注：GDP 按汇率法计算，以 2010 年美元为不变价。

数据来源：根据 IEA，World Indicators（2016 edition）和 IEA，World Energy Statistics（2016 edition）相关数据计算得到。

表 9 - 12　分地区单位 GDP 用电量

单位：千瓦时/万元

年份 地区	2010	2011	2012	2013	2014	2015
北　京	574	539	532	516	493	469
天　津	700	647	591	563	525	484
河　北	1320	1315	1237	1207	1156	1037
山　西	1587	1587	1542	1469	1394	1288
内蒙古	1317	1397	1356	1346	1383	1351
辽　宁	929	899	838	814	782	739
吉　林	666	639	577	547	524	481
黑龙江	721	689	646	611	588	563
上　海	755	721	678	656	595	572
江　苏	933	931	905	893	831	781
浙　江	1018	1032	984	978	923	866
安　徽	872	870	865	880	836	796
福　建	892	916	857	831	825	755
江　西	742	785	736	729	715	699
山　东	842	837	796	781	743	834
河　南	1019	1029	965	934	865	787
湖　北	833	799	746	732	679	627
湖　南	731	715	669	642	590	550
广　东	882	869	844	813	818	768
广　西	1038	1035	965	940	915	863
海　南	770	800	836	837	838	839
重　庆	790	777	691	691	665	604
四　川	903	887	824	798	760	696
贵　州	1814	1784	1742	1665	1567	1416
云　南	1390	1466	1418	1404	1360	1177
西　藏	394	420	438	433	428	465
陕　西	849	852	820	798	774	715
甘　肃	1951	1991	1907	1856	1739	1615
青　海	3443	3660	3499	3546	3473	2921
宁　夏	3237	3828	3513	3497	3390	3246
新　疆	1217	1378	1690	2035	2282	2385

注：GDP 按 2010 年可比价格计算。

数据来源：用电量数据来自中国电力企业联合会历年《电力工业统计资料汇编》；分地区 GDP 数据根据国家统计局《中国统计年鉴 2016》相关数据计算得到。

表9-13 主要电力技术经济指标

年份 \ 指标	发电厂用电率（%）	线损率（%）	发电煤耗率（克标准煤/千瓦时）	供电煤耗率（克标准煤/千瓦时）
2000	6.28	7.81	363	392
2001	6.24	7.55	357	385
2002	6.15	7.52	356	383
2003	6.07	7.71	355	380
2004	5.95	7.55	349	376
2005	5.87	7.21	343	370
2006	5.93	7.04	342	367
2007	5.83	6.97	332	356
2008	5.90	6.79	322	345
2009	5.76	6.72	320	340
2010	5.43	6.53	312	333
2011	5.39	6.52	308	329
2012	5.05	6.33	305	325
2013	5.05	6.68	302	321
2014	4.85	6.64	300	319
2015	5.09	6.62	297	315
2016	–	6.47	–	312

注：发电厂用电率、发电煤耗率、供电煤耗率数据为6000千瓦及以上电厂数据。

数据来源：2000－2014年数据来自中国电力企业联合会历年《电力工业统计资料汇编》；2015－2016年数据来自中国电力企业联合会《2016年全国电力工业统计快报》。

表 9 – 14　线损率国际比较

单位:%

国家/地区 ＼ 年份	2000	2005	2010	2011	2012	2013
印度	29.7	25.0	21.8	22.3	18.2	19.7
巴西	16.3	15.1	15.8	15.6	16.1	15.5
俄罗斯	11.8	12.0	10.3	10.9	10.9	10.9
西班牙	9.0	9.5	4.0	9.5	9.5	9.6
英国	8.4	7.8	7.4	7.8	8.1	7.6
中国	**7.8**	**7.2**	**6.5**	**6.5**	**6.7**	**6.7**
美国	6.0	6.6	6.3	6.3	6.6	6.2
意大利	6.4	6.2	6.2	6.2	6.4	6.7
法国	6.9	6.7	7.0	6.9	7.7	7.6
加拿大	8.6	7.3	11.7	7.8	7.8	9.7
日本	4.7	4.8	4.6	4.9	4.6	4.8
德国	4.8	5.2	4.2	4.4	4.4	4.4

数据来源：中国数据来自中国电力企业联合会历年《电力工业统计资料汇编》；其他国家数据来自 IEA, Electricity Information 2014。

表9-15　发电煤耗率国际比较

单位：克标准煤/千瓦时

年份 国家/地区	2000	2005	2010	2011	2012	2013	2014
中国	363	343	312	308	305	302	300
日本	303	301	294	295	294		

注：中国数据为6000千瓦及以上电厂数据，日本数据为九大电力公司平均。

数据来源：中国数据来自中国电力企业联合会历年《电力工业统计资料汇编》；日本数据来自 The Institute of Energy Economics Japan Handbook of Energy and Economic Statistics in Japan。

表9-16　供电煤耗率国际比较

单位：克标准煤/千瓦时

年份 国家/地区	2000	2005	2010	2011	2012	2013	2014
中国	392	370	333	329	325	327	319
日本	316	314	306	306	305	–	
意大利	315	288	275	–	–	–	
韩国	311	302	303	–	–	–	

注：中国数据为6000千瓦及以上电厂数据，日本数据为九大电力公司平均。

数据来源：中国数据来自中国电力企业联合会历年《电力工业统计资料汇编》；其他国家数据来自 The Institute of Energy Economics Japan Handbook of Energy and Economic Statistics in Japan。

表9-17 分地区发电厂用电率

单位:%

年份 地区	2010	2011	2012	2013	2014	2015
北 京	6.1	5.9	5.3	5.5	4.3	2.8
天 津	6.6	6.4	6.3	6.1	6.6	6.1
河 北	6.7	6.5	6.3	5.8	5.7	5.9
山 西	7.9	7.7	7.4	7.3	7.2	8.4
内蒙古	7.3	7.1	6.8	6.6	6.6	6.5
辽 宁	6.6	6.6	6.5	6.3	6.3	6.4
吉 林	6.4	6.6	6.5	5.8	6.2	6.2
黑龙江	6.7	6.5	6.2	6.2	6.2	6.2
上 海	5.0	4.6	4.5	4.6	4.6	4.4
江 苏	5.3	5.2	5.0	4.8	4.7	5.2
浙 江	5.1	4.8	4.9	4.8	4.9	4.9
安 徽	5.3	5.0	4.8	4.6	4.5	4.6
福 建	4.4	4.1	4.1	4.5	4.9	5.0
江 西	5.5	5.3	4.8	4.8	4.5	4.7
山 东	7.0	6.8	5.7	5.8	5.9	6.3
河 南	6.1	5.7	5.7	5.4	5.4	5.5
湖 北	2.4	2.6	2.1	2.5	2.4	2.3
湖 南	4.6	4.9	4.3	4.4	4.0	4.0
广 东	5.5	5.3	5.3	5.2	5.1	5.0
广 西	3.6	3.9	3.7	4.0	3.2	2.7
海 南	6.8	6.9	6.9	7.1	6.8	7.3
重 庆	–	–	5.3	5.7	5.6	5.2
四 川	3.0	2.8	2.1	1.5	1.7	1.5
贵 州	5.5	6.0	5.0	5.6	4.7	4.6
云 南	3.1	3.0	2.4	1.9	1.6	1.6
西 藏	3.7	3.1	2.0	3.7	1.9	3.4
陕 西	6.9	6.8	6.8	6.6	6.9	6.9
甘 肃	4.9	5.0	4.6	4.1	4.2	4.1
青 海	2.0	2.3	2.1	2.1	1.9	1.7
宁 夏	–	–	–	–	0.0	–
新 疆	7.3	7.0	7.1	7.0	3.1	5.6

注:本表数据为6000千瓦及以上电厂数据。

数据来源:中国电力企业联合会历年《电力工业统计资料汇编》。

表 9-18　分地区线损率

单位:%

年份 地区	2010	2011	2012	2013	2014	2015
北　京	6.7	6.5	6.5	6.8	6.9	6.9
天　津	5.9	6.6	6.6	6.6	6.8	6.8
河　北	5.2	4.9	6.8	6.9	6.7	6.7
山　西	7.0	5.9	6.2	6.4	6.6	6.5
内蒙古	3.7	5.4	4.9	4.9	5.2	5.7
辽　宁	6.9	6.3	6.0	6.0	6.2	5.8
吉　林	6.4	5.2	5.3	5.3	5.1	7.4
黑龙江	7.8	7.3	7.0	7.0	7.2	7.1
上　海	6.1	6.1	6.2	6.2	6.2	6.1
江　苏	7.9	7.9	7.0	6.0	4.6	4.3
浙　江	4.7	4.2	4.2	4.8	4.5	4.2
安　徽	5.6	8.8	8.6	7.9	7.7	7.4
福　建	6.7	6.6	6.5	6.0	5.7	4.8
江　西	4.9	3.9	7.1	7.4	7.2	7.0
山　东	6.0	6.1	6.2	6.2	6.7	6.6
河　南	5.4	5.2	5.2	5.2	6.1	7.9
湖　北	6.7	6.5	7.1	6.7	6.4	6.6
湖　南	8.8	8.5	8.8	9.6	9.4	8.8
广　东	6.4	5.1	5.9	5.6	4.9	4.4
广　西	6.9	6.8	7.2	7.1	6.8	6.2
海　南	7.6	9.3	8.0	7.9	7.8	7.2
重　庆	8.1	7.2	7.5	7.5	6.6	6.8
四　川	10.1	9.4	9.4	9.4	9.7	9.1
贵　州	5.1	5.4	5.1	5.2	6.6	6.4
云　南	6.2	6.9	6.2	5.6	5.0	6.2
西　藏	13.3	12.8	13.5	13.6	13.8	13.8
陕　西	6.8	6.8	7.2	7.1	7.1	6.6
甘　肃	5.6	4.9	4.9	4.9	5.1	6.4
青　海	3.7	3.6	3.5	3.5	3.1	3.0
宁　夏	4.1	4.5	4.1	3.7	3.6	3.6
新　疆	7.7	8.1	8.1	7.8	8.0	7.8

数据来源：中国电力企业联合会历年《电力工业统计资料汇编》。

表 9 - 19　分地区发电煤耗率

单位：克标准煤/千瓦时

年份 地区	2010	2011	2012	2013	2014	2015
北　京	264	258	246	246	231	210
天　津	303	304	302	300	296	282
河　北	317	315	312	306	305	306
山　西	318	317	314	302	305	301
内蒙古	318	321	315	314	314	314
辽　宁	313	309	303	299	295	292
吉　林	309	299	300	296	287	283
黑龙江	328	322	321	312	308	307
上　海	300	293	289	288	288	287
江　苏	305	301	296	293	293	288
浙　江	295	292	290	288	285	284
安　徽	306	301	298	297	294	288
福　建	299	291	290	294	294	294
江　西	311	305	301	299	298	295
山　东	320	317	310	304	304	303
河　南	307	301	298	297	299	298
湖　北	311	305	303	298	293	298
湖　南	317	312	309	302	295	304
广　东	305	301	299	298	296	292
广　西	308	309	304	299	298	298
海　南	299	290	289	286	285	282
重　庆	–	–	326	319	305	306
四　川	331	326	315	313	302	304
贵　州	317	314	310	309	207	305
云　南	319	317	315	312	312	313
西　藏	316	352	344	300	317	374
陕　西	314	312	310	307	306	306
甘　肃	316	313	312	311	309	304
青　海	335	331	328	329	331	339
宁　夏	312	316	308	326	324	290
新　疆	373	363	342	322	312	303

注：本表数据为 6000 千瓦及以上电厂数据。

数据来源：中国电力企业联合会历年《电力工业统计资料汇编》。

表 9-20　分地区供电煤耗率

单位：克标准煤/千瓦时

年份 地区	2010	2011	2012	2013	2014	2015
北　京	282	274	260	260	241	215
天　津	327	325	323	320	316	300
河　北	339	336	332	326	325	326
山　西	346	344	340	327	330	326
内蒙古	345	347	339	337	337	337
辽　宁	336	332	326	321	315	313
吉　林	335	323	324	319	308	304
黑龙江	353	346	344	335	330	329
上　海	316	308	303	302	302	300
江　苏	322	318	311	308	308	302
浙　江	312	307	305	303	299	298
安　徽	323	317	313	312	309	301
福　建	316	306	304	309	310	309
江　西	331	323	318	314	313	310
山　东	343	339	329	323	323	322
河　南	326	320	317	315	317	316
湖　北	332	324	320	314	309	313
湖　南	338	332	328	326	314	323
广　东	325	319	317	316	315	310
广　西	329	330	326	318	318	319
海　南	326	317	314	313	310	306
重　庆	–	–	354	345	332	330
四　川	355	352	335	334	322	323
贵　州	342	339	335	333	331	328
云　南	342	343	339	334	335	337
西　藏	332	365	355	308	328	403
陕　西	338	337	333	330	329	329
甘　肃	339	335	334	332	329	324
青　海	362	354	356	356	361	371
宁　夏	335	340	330	346	347	311
新　疆	409	396	372	350	336	325

注：本表数据为 6000 千瓦及以上电厂数据。

数据来源：中国电力企业联合会历年《电力工业统计资料汇编》。